中等职业教育电类专业系列教材

电子技术基础与技能

DIANZI JISHU JICHU
YU JINENG

总主编　聂广林

主　编　赵争召

编　者（以姓氏笔画为序）

李登科　张　川　张　权

赵争召　聂广林　唐国维

彭贞蓉

重庆大学出版社

内容提要

本书是根据教育部 2009 年新颁布的《中等职业学校电子技术基础与技能教学大纲》和对中职学生的能力结构要求，针对电子专业的发展现状和行业需求情况，结合中等职业学校电子专业学生的特点进行编写。

本书分成两部分：模拟电子技术、数字电子技术。其中模拟电子技术部分包括：晶体二极管及其应用、晶体三极管及放大电路基础、常用放大器、直流稳压电源、正弦波振荡电路、高频信号处理电路、晶闸管及应用电路；数字电子技术部分包括：数字电路基础、组合逻辑电路、触发器、时序逻辑电路、数模转换和模数转换。每章包括学习目标（知识目标、能力目标）、内容主体、实训项目、学习小结、学习评价几个板块。本书采用理论实训相结合的模式，注重实用性，知识内容展现灵活生动。

本书是中等职业学校电类专业的专业基础课程教学用书，其内容构建和展现方式也适用于专业人员的岗位培训。

图书在版编目（CIP）数据

电子技术基础与技能/赵争召主编.—重庆：重
庆大学出版社，2011.1（2024.4 重印）
中等职业教育电类专业系列教材
ISBN 978-7-5624-5920-0

Ⅰ.①电…　Ⅱ.①赵…　Ⅲ.①电子技术—专业学校—
教材　Ⅳ.①TN

中国版本图书馆 CIP 数据核字（2010）第 264332 号

中等职业教育电类专业系列教材
电子技术基础与技能
总主编　聂广林
主　编　赵争召
策划编辑：王　勇　李长惠
责任编辑：王　勇　版式设计：王　勇
责任校对：任卓惠　责任印制：赵　晟
＊
重庆大学出版社出版发行
出版人：陈晓阳
社址：重庆市沙坪坝区大学城西路 21 号
邮编：401331
电话：（023）88617190　88617185（中小学）
传真：（023）88617186　88617166
网址：http://www.cqup.com.cn
邮箱：fxk@ cqup.com.cn（营销中心）
全国新华书店经销
重庆天旭印务有限责任公司印刷
＊
开本：787mm×1092mm　1/16　印张：17　字数：424 千
2011 年 1 月第 1 版　　2024 年 4 月第 22 次印刷
印数：78 001—81 000
ISBN 978-7-5624-5920-0　定价：42.00 元

随着国家对中等职业教育的高度重视,社会各界对职业教育的高度关注和认可,近年来,我国中等职业教育进入了历史上最快、最好的发展时期,具体表现为:一是办学规模迅速扩大(标志性的)。2008 年全国招生 800 余万人,在校生规模达 2 000 余万人,占高中阶段教育的比例约为 50%,普、职比例基本平衡。二是中职教育的战略地位得到确立。教育部明确提出两点:"大力发展职业教育作为教育工作的战略重点,大力发展职业教育作为教育事业的突破口"。这是对职教战线同志们的极大的鼓舞和鞭策。三是中职教育的办学指导思想得到确立。"以就业为导向,以全面素质为基础,以职业能力为本位"的办学指导思想已在职教界形成共识。四是助学体系已初步建立。国家投入巨资支持职教事业的发展,这是前所未有的,为中职教育的快速发展注入了强大的活力,使全国中等职业教育事业欣欣向荣、蒸蒸日上。

在这样的大好形势下,中职教育教学改革也在不断深化,在教育部 2002 年制定的《中等职业学校专业目录》和 83 个重点建设专业以及与之配套出版的 1 000 多种国家规划教材的基础上,新一轮课程教材及教学改革的序幕已拉开。2008 年已对《中等职业学校专业目录》、文化基础课和主要大专业的专业基础课教学大纲进行了修订,且在全国各地征求意见(还未正式颁发),其他各项工作也正在有序推进。另一方面,在继承我国千千万万的职教人通过近 30 年的努力已初步形成的有中国特色的中职教育体系的前提下,虚心学习发达国家发展中职教育的经验已在职教界逐渐开展,德国的"双元"制和"行动导向"理论以及澳大利亚的"行业标准"理论已逐步渗透到我国中职教育的课程体系之中。在这样的大背景下,我们组织重庆市及周边省市部分长期从事中职教育教材研究及开发的专家、教学第一线中具有丰富教学及教材编写经验的教学骨干、学科带头人组成开发小组,编写这套既符合西部地区中职教育实际,又符合教育部新一轮中职教育课程教学改革精神;既坚持有中国特色的中职教育体系的优势,又与时俱进,极具鲜明时代特征的中等职业教育电类专业系列教材。

该套系列教材是我们从 2002 年开始陆续在重庆大学出版社出版的几本教材的基础上,采取"重编、改编、保留、新编"的八字原则,按照"基础平台 + 专门化方向"的要求,重新组织开发的,即

①对基础平台课程《电工基础》《电子技术基础》,由于使用时间较久,时代特征不够鲜明,加之内容偏深偏难,学生学习有困难,因此,对这两本教材进行重新编写。

1

②对《音响技术与设备》进行改编。

③对《电工技能与实训》《电子技能与实训》《电视机原理与电视分析》这三本教材,由于是近期才出版或新编的,具有较鲜明的职教特点和时代特色,因此对该三本教材进行保留。

④新编14本专门化方向的教材(见附表)。

对以上20本系列教材,各校可按照"基础平台＋专门化方向"的要求,选取其中一个或几个专门化方向来构建本校的专业课程体系;也可根据本校的师资、设备和学生情况,在这20本教材中,采取搭积木的方式,任意选取几门课程来构建本校的专业课程体系。

本系列教材具备如下特点:

①编写过程中坚持"浅、用、新"的原则,充分考虑西部地区中职学生的实际和接受能力;充分考虑本专业理论性强、学习难度大、知识更新速度快的特点;充分考虑西部地区中职学校的办学条件,特别是实习设备较差的特点;一切从实际出发,考虑学习时间的有限性、学习能力的有限性、教学条件的有限性,使开发的新教材具有实用性,为学生终身学习打好基础。

②坚持"以就业为导向,以全面素质为基础,以职业能力为本位"的中职教育指导思想;克服顾此失彼的思想倾向,培养中职学生科学合理的能力结构,即"良好的职业道德、一定的职业技能、必要的文化基础",为学生的终身就业和较强的转岗能力打好基础。

③坚持"继承与创新"的原则。我国中职教育课程以传统的"学科体系"课程为主,它的优点是循序渐进、系统性强、逻辑严谨,强调理论指导实践,符合学生的认识规律;缺点是与生产、生活实际联系不太紧密,学生学习比较枯燥,影响学习积极性。而德国的中职教育课程以行动体系课程为主,它的优点是紧密联系生产生活实际,以职业岗位需求为导向,学以致用,强调在行业行动中补充、总结出必要的理论;缺点是脱离学科自身知识内在的组织性,知识离散,缺乏系统性。我们认为:根据我国的国情,不能把"学科体系"和"行动体系"课程对立起来、相互排斥,而是一种各具特色、相互补充的关系。所谓继承,是根据专业及课程特点,对逻辑性、理论性强的课程,采用传统的"学科体系"模式编写,并且采用经过近30年实践认为是比较成功的"双轨制"方式;所谓创新,是对理论性要求不高而应用性和操作性强的专门化课程,采用行为导向、任务驱动的"行动体系"模式编写,并且采用"单轨制"方式。即采取"学科体系"与"行动体系"相结合,"双轨制"与"单轨制"并存的方式。我们认为这是一种务实的与时俱进的态度,也符合我国中职教育的实际。

④在内容的选取方面下了功夫,把岗位需要而中职学生又能学懂的重要内容选进教材,把理论偏深而职业岗位上没有用处(或用处不大)的内容删除,在一定程度上打破了学科结构和知识系统性的束缚。

⑤在内容呈现上,尽量用图形(漫画、情景图、实物图、原理图)和表格进行展现,配以简洁明了的文字注释,做到图文并茂、脉络清晰、语句流畅,增强教材的趣味性和启发性,使学生愿读、易懂。

⑥每一个知识点,充分挖掘了它的应用领域,做到理论联系实际,激发学生的学习兴趣和求知欲。

⑦教材内容做到了最大限度地与国家职业技能鉴定的要求相衔接。

⑧考虑教材使用的弹性。本套教材采用模块结构,由基础模块和选学模块构成,基础模块是各专门化方向必修的基础性教学内容和应达到的基本要求,选学模块是适应专门化方向学习需要和满足学生进修发展及继续学习的选修内容,在教材中打"※"的内容为选学模块。

该系列教材的开发是在国家新一轮课程改革的大框架下进行的,在较大范围内征求了同行们的意见,力争编写出一套适应发展的好教材,但毕竟我们能力有限,欢迎同行们在使用中提出宝贵意见。

总主编　聂广林
2010 年 6 月

附表：

中职电类专业系列教材

	方 向	课程名称	主 编	模 式
基础平台课程	公 用	电工技术基础与技能	聂广林　赵争召	学科体系、双轨
		电子技术基础与技能	赵争召	学科体系、双轨
		电工技能与实训	聂广林	学科体系、双轨
		电子技能与实训	聂广林	学科体系、双轨
		应用数学		
专门化方向课程	音视频专门化方向	音响技术与设备	聂广林	行动体系、单轨
		电视机原理与电路分析	赵争召	学科体系、双轨
		电视机安装与维修实训	戴天柱	学科体系、双轨
		单片机原理及应用	辜小兵	行动体系、单轨
	日用电器方向	电动电热器具(含单相电动机)	毛国勇	行动体系、单轨
		制冷技术基础与技能	辜小兵	行动体系、单轨
		单片机原理及应用	辜小兵	行动体系、单轨
	电气自动化方向	可编程控制原理与应用	刘 兵	行动体系、单轨
		传感器技术及应用	卜静秀　高锡林	行动体系、单轨
		电动机控制与变频技术	周 彬	行动体系、单轨
	楼宇智能化方向	可编程逻辑控制器及应用	刘 兵	行动体系、单轨
		电梯运行与控制	张 彪	行动体系、单轨
		监控系统		行动体系、单轨
	电子产品生产方向	电子CAD	彭贞蓉　李宏伟	行动体系、单轨
		电子产品装配与检验	冉建平	行动体系、单轨
		电子产品市场营销		行动体系、单轨
		机械常识与钳工技能	胡 胜	行动体系、单轨

随着职业教育重要性的进一步凸现,行业和企业对中职教育需求的变化,以及实训设备的改善、新的教学条件和教学模式的形成,中等职业教育对课程体系的改革势在必行,而新一轮的教材改革则是首当其冲。在此基础上,我们通过多方详细的规划论证和准备,按照教育部2009年新颁发的"中等职业学校电子技术基础与技能教学大纲"的要求编写了本教材。在编写过程中,贯彻"以素质教育为基础,以就业为导向,以能力为本位,促进学生的全面发展"的指导思想,针对电子专业的发展现状和行业需求情况,结合中等职业学校电子专业学生的特点进行编写。本教材有以下特点:

1. 理实结合,重双基。基础知识与基本技能是学好电子专业的基础,本教材将理论知识与技能训练有机地结合起来,让学生在"学中做,做中学",增强学生学习的趣味性,从而提高学习效果。

2. 内容组织,显实用。本教材在内容组织上,对理论知识进行了从轻从简的处理,而对知识的应用进行了强化。如对于一些电子元件知识、电路模块知识,理论分析只保留必要的,增加了应用实例部分,让这些专业知识更贴近生活,学生更易理解和把握。

3. 呈现形式,求多元。根据中职学生的身心特点,采取多种方式对内容进行阐述。每个单元内容包含"学习目标"、"主体内容"、"技能实训"、"学习小结"、"学习评价"等多个板块,尽量做到图、文、表相结合,并穿插"读一读"、"讲一讲"、"查一查"、"做一做"、"想一想"、"记一记"等小板块,以丰富多彩的形式将知识内容展现在读者的面前。

4. 能力训练,促过手。学生学的不是枯燥的知识条款,而是对所学知识的灵活运用,本书注重培养学生运用所学知识解决实际问题的能力。

5. 必修选修,富弹性。本书的内容分为必修内容和选修内容两部分,必修内容是电类专业都必须学习的基础内容,选修内容则由各个学校根据自身的专业特点进行取舍选学。本书中,前面加"＊"者为选修内容。

6. 企业理念,保安全。在教材编写过程中,注意导入企业文化理念,渗透企业精神,注重质量意识、职业道德、团队合作、奉献精神,同时,强调实训操作中的安全规念,并通过阅读材料增强学生的环保意识。

建议学时安排

篇　目	章　目	内　容	必修学时	选修学时
第一部分 模拟电子 技术	第一章	晶体二极管及其应用	10	2
	第二章	晶体三极管及放大电路	10	4
	第三章	常用放大器	20	8
	第四章	直流稳压电源		10
	第五章	正弦波振荡电路		8
	第六章	高频信号处理电路		16
	第七章	晶闸管及应用电路		10
第二部分 数字电子 技术	第八章	数字电路基础	10	2
	第九章	组合逻辑电路	12	
	第十章	触发器	10	14
	第十一章	时序逻辑电路	12	
	第十二章	数模和模数转换		6
合计			84	80

本书的编写人员：

主　　编：赵争召　重庆市渝北职业教育中心高级讲师
副 主 编：彭贞蓉　重庆市九龙职业教育中心讲师
　　　　　唐国雄　重庆市三峡水利电力学校讲师
编写人员：聂广林　重庆市渝北区教师进修学校研究员
　　　　　李登科　重庆市渝北职业教育中心讲师
　　　　　张　川　重庆市南川隆化职业中学讲师
　　　　　张　权　重庆市巫溪县职业教育中心讲师

　　在本书的编写过程中,得到了重庆市教育科学研究院向才毅所长和重庆市渝北职业教育中心张扬群校长的理论指导和大力支持,也得到重庆市北碚职业教育中心周兵高级讲师、重庆市龙门浩职业中学周开跃高级讲师、重庆市黔江民族职教中心倪元兵高级讲师、重庆市工商学校辜小兵高级讲师、科能高级技工学校卜静秀高级讲师等的大力帮助,在此深表感谢!

编　者
2010 年 12 月

目录

第一部分　模拟电子技术

3

第一部分

模拟电子技术

第一章

晶体二极管及其应用

1. 知识目标

（1）能识别几种常用二极管的外形，认识二极管的电路符号；

（2）描述二极管的单向导电性；

（3）能够判别二极管伏安特性曲线的各个区域，知道各个区域的特点；

（4）通过二极管的主要参数能够正确选用和使用二极管；

（5）会简要分析整流和滤波电路的工作原理。

2. 能力目标

（1）能用万用表检测二极管，通过检测能判别二极管的正负极性，并能判别二极管的质量好坏；

（2）能根据电路图正确安装整流滤波电路，并能对电路的有关参数进行正确的测试。

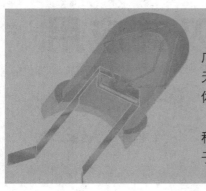

我们正处在一个全新的半导体时代,半导体广泛应用于家电、通信、网络、工业制造、航空航天和国防中,小到收音机,大到飞机、舰艇,半导体发挥着极其重要的作用。

半导体工业是电子工业的基础,二极管是一种最基本、最简单的半导体器件,广泛应用于电子电路的各个方面。

第一节　晶体二极管的使用

在我们的日常生活中使用着大量的电子产品,如电视机、电话机、音响设备、空调机等,在这些电子产品内部都嵌有电子电路,而这些电子电路又是由晶体二极管、晶体三极管以及其他的电子元器件构成。这些电子电路在机器中完成着各种各样神奇的功能,它们为什么有那么神奇的功能呢? 下面就来认识组成电子电路的元器件之一——晶体二极管。

一、晶体二极管的结构、特性和主要参数

1. 晶体二极管(以下简称二极管)的结构、引脚、电路符号

人们将物质按其导电特性分为导体、绝缘体、半导体 3 类,即:

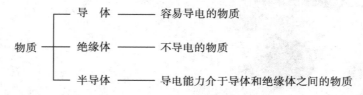

按制造工艺的不同,又将半导体分为 P 型半导体和 N 型半导体,常用的半导体材料有硅材料和锗材料。

晶体二极管就是由半导体材料制成的,那么它是怎样形成的呢?

将一块 P 型半导体和一块 N 型半导体按特定的制造工艺结合在一起,就会形成

晶体二极管及其应用 **1**

PN结,再用金属、玻璃或塑料将其封装起来,并分别从P区和N区引出一根引脚,就构成了晶体二极管,如图1-1所示。

　　晶体二极管的外形、管脚及电路符号见表1-1。

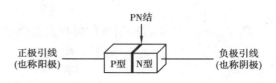

图1-1　二极管的构成

 认一认

表1-1　常用二极管的外形、管脚及电路符号

常用二极管	外　形	电路符号	说　明
普通二极管	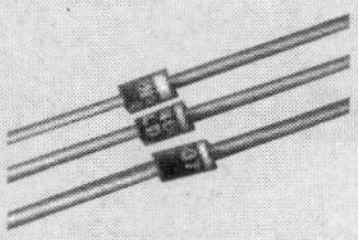	正极  ▷｜ 负极 旧符号 正极 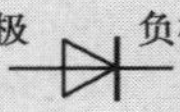 ▷｜ 负极 新符号	①注意新旧符号的区别; ②通过三角形的方向表明了正、负极
发光二极管	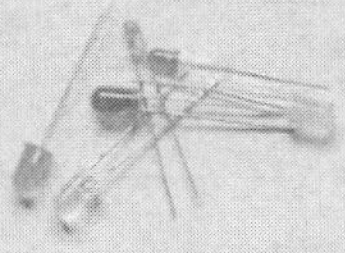	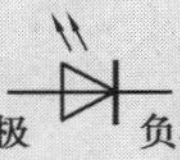 正极 ▷｜ 负极	箭头表示能向外发光
光敏二极管	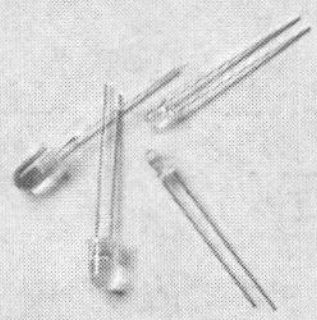	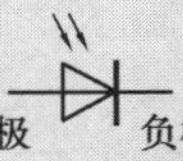 正极 ▷｜ 负极	箭头表示光线能被二极管接收,所以也称接收二极管
变容二极管	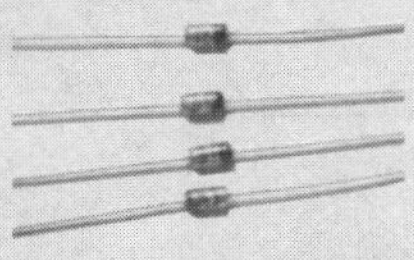	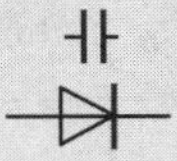 正极 ▷｜├ 负极	在普通二极管符号的旁边加一个小电容
稳压二极管	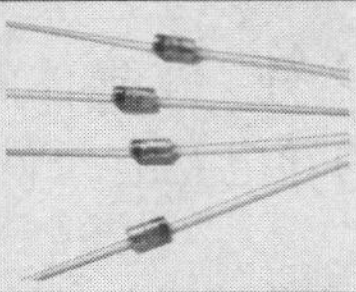	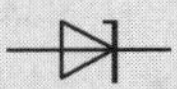 正极 ▷｜ 负极	负极表示方法与普通二极管有区别
贴片二极管		与相应的二极管符号相同	表面上看无引脚,其实它的两个端面的焊锡涂层就是它的正负极。安装时直接将两个端焊接在电路的对应焊点上

晶体二极管的正负极引脚的标记与识别方法见表1-2。

记一记

表 1-2　二极管的引脚标记

标记法		标记及说明
直标法		在外壳上标出元件符号 正极　　　　　负极
色环标记法		银白色色环端表示负极 正极　　　　　负极
色点标记法		色点端为正极 正极　　　　　负极
外形和引脚标记法	大功率二极管	正极　　　　　负极
	发光二极管	内部电极宽大的为负极 引脚短的为负极 引脚长的为正极 外壳透明可观察

2.二极管的单向导电性

前面已经学习过,物质有导体、绝缘体和半导体之分。半导体的导电能力介于导体与绝缘体之间,二极管是由半导体材料制成的,它的导电是有条件的,所以二极管是一个可以控制其导电特性的半导体器件。

二极管在电路中有两种工作状态,即导通状态(导电)和截止状态(不导电),如图1-2所示。

图1-2是二极管分别处于正向偏置和反向偏置的理想工作状态,二极管的实际工作情况见表1-3。

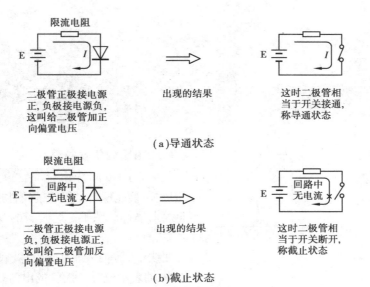

（a）导通状态

二极管正极接电源正，负极接电源负，这叫给二极管加正向偏置电压

出现的结果

这时二极管相当于开关接通，称导通状态

二极管正极接电源负，负极接电源正，这叫给二极管加反向偏置电压

出现的结果

这时二极管相当于开关断开，称截止状态

（b）截止状态

图1-2　二极管工作状态示意图

表1-3　二极管的两种工作状态

导电状态	电路条件	工作状态
导通状态	①正向偏置； ②正向偏置电压达到一定程度（锗材料二极管正负极间电压0.2～0.3 V，硅材料二极管正负极间电压0.6～0.8 V）时，二极管导通，否则二极管不会导通	①电流流过二极管； ②二极管正负极之间相当于开关接通（理想情况），实际上两引脚之间存在一定电阻值（锗管1 kΩ左右，硅管5～9 kΩ）； ③正、负极之间存在一定的电压降，称为二极管的正向压降，简称管压降（锗管0.2～0.3 V，硅管0.6～0.8 V）
截止状态	反向偏置	①无电流流过二极管。 ②二极管正负极之间相当于开关断开，两引脚之间电阻值接近"∞"（无论什么材料的二极管）。 ③当反向电压高到一定程度时，反向电流会急剧增大，这种现象称为二极管的反向电击穿，这个电压值称为反向击穿电压。不同型号的二极管反向击穿电压是不同的。如果不及时限制这个很大的反向击穿电流，二极管会因发热而被烧坏，这称为二极管的热击穿。 ④发生电击穿后，若及时去掉这个反向电压，二极管仍能恢复正常；发生热击穿后，即使去掉反向电压，二极管也不能恢复正常，属于永久损坏

这里请大家记住一个重要结论:

二极管加上正向偏置电压时导通(相当于开关接通),加上反向偏置电压时截止(相当于开关断开),这就是二极管的单向导电性。

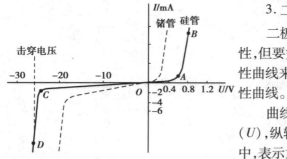

图1-3 二极管的伏安特性曲线

3. 二极管的伏安特性

二极管的单向导电性是二极管的主要特性,但要完整地理解二极管的特性还得用伏安特性曲线来描述。图1-3是典型的二极管伏安特性曲线。

曲线中,横轴表示加在二极管两端的电压(U),纵轴表示流过二极管的电流(I),在坐标系中,表示加在二极管两端的电压与流过二极管的电流之间关系的曲线称为二极管的伏安特性曲线。从曲线中可以看出一个重要的结论:二极管的电压与电流之间的关系是非线性关系(不是直线),因此它不适用欧姆定律。

图中,第一象限的曲线是二极管的正向特性曲线,即给二极管加上正向偏置电压后的特性;第三象限的曲线是反向特性曲线,即加上反向偏置电压后的特性。下面以硅管为例,分析加在二极管两端的电压与流过它的电流的关系(锗二极管请同学们自行分析),如表1-4所示。

表1-4 二极管的伏安特性

阶　段	特　性
正向起始阶段(图中的OA段)	①当外加正向电压为零时,电流也为零,故曲线经过原点; ②当外加电压小于0.6 V时,流过二极管的正向电流很小,通常称这个区域为死区(硅二极管的死区电压为0.6 V),一般近似认为在死区电压范围内,二极管的正向电流为零(实际有微小电流),不导通
正向电压大于死区电压阶段(图中AB段)	①当正向电压大于0.6 V以后,正向电流急剧增大,此时二极管为正向导通(A点是一个转折点,小于0.6 V不导通,大于0.6 V导通,这就证明了前面所讲的:当正向电压大于一定值时二极管导通); ②二极管正向导通后,正向电压稍有增加,电流就增大许多(AB段曲线很陡),也就是说:二极管导通后,二极管两端的管压降(二极管两端的电压)变化不大,硅管为0.6~0.8 V
反向未击穿阶段(图中OC段)	当给二极管加上反向偏置电压且没到反向击穿电压时,只有微弱的反向电流(曲线很平坦),这个电流基本不随反向电压的增大而增大,此时为反向截止,二极管内阻很大,相当于开关断开
反向击穿阶段(图中CD段)	当反向偏置电压大于击穿电压时,反向电流突然增大,这种现象称为反向击穿(电击穿),此时二极管的反向电压基本保持不变,稳压二极管就是利用这个特性制成

4.二极管的主要参数

在实际应用中,要根据电路的电压、电流要求合适地选用二极管,才能保证二极管的使用安全,因此必须了解二极管的参数。二极管的主要参数有两个:

• 最大整流电流 I_{OM} 在规定的散热条件下,二极管长期使用时,允许通过二极管的最大正向电流。

• 最高反向工作电压 U_{RM} 保证二极管不被击穿的最高反向峰值电压,通常规定为击穿电压的1/2。

根据上面两个主要参数,在选用二极管时必须满足:

$$\begin{cases} I < I_{OM} \\ U_R < U_{RM} \end{cases}$$

式中:I 为二极管实际工作电流,U_R 为实际反向工作电压,这是二极管选择的依据。

二、几种特殊二极管简介

这里简单介绍稳压二极管、发光二极管、光电二极管、变容二极管等几种使用较多的特殊二极管,见表1-5 所示。

表1-5 几种特殊二极管

名称	外 形	符 号	功 能	典型应用电路
稳压二极管		+─▷⊢	稳定电压	U_i V_{DZ} R_L U_o 输出电压 U_o 等于 V_{DZ} 的稳压值,使 U_o 稳定不变

续表

名称	外形	符号	功能	典型应用电路
发光二极管			能发出各种颜色的光,起指示或装饰作用	
光电二极管(光敏二极管)			将光信号转换为电信号。它具有一般二极管的单向导电性,当光线照射时,它的反向电阻会变小,反向电流增大	(注意:只能反向应用)无光线照射时,A点电位为一个定值;当有光线照射时,A点电位将发生变化
变容二极管			通过改变电压能改变两极间的电容(相当于一个可变电容)。具有一般二极管的单向导电性,当反向偏置电压增大时,PN结间的结电容会减小	当 U_i 在0~30 V变化时,变容二极管 V_D 的结电容也发生变化(变小),从而改变整个LC回路的频率

三、用万用表检测二极管

1. 二极管正、负极的判断

在二极管的外壳上一般有型号和标记,如果型号和标记不清楚时,可用万用表的电阻挡进行判别。主要是利用二极管的单向导电性,其反向电阻远大于正向电阻。测量方法见表1-6所示。

表1-6   用万用表检测二极管的正、负极

检测示意图	表针指示	说　明
测正向电阻		选R×1 kΩ挡进行测试。如果表针指示读数为1千欧到几千欧，则为正向电阻，此时黑表笔所接为二极管的"＋"极，红表笔所接为二极管的"－"极。锗二极管的正向电阻为1~2 kΩ，硅二极管的正向电阻为3~7 kΩ
测反向电阻		选R×1 kΩ挡进行测试。如果表针指示读数为几百千欧到无穷大，则为反向电阻，此时黑表笔表所接为二极管的"－"极，红表笔所接为二极管的"＋"极

2. 二极管好坏的判别

二极管的正向电阻较小，反向电阻很大（接近∞），可以通过测二极管的正、反向电阻来判断二极管的好坏，见表1-7所示。

表1-7   用万用表判断二极管的好坏

检测示意图	表针指示	判　别
测正向电阻		表针指示的正向电阻值为几千欧，且表针稳定，说明二极管性能良好；若表针有抖动，则二极管稳定性差
		如果表针指示的电阻值为∞，则二极管已经开路
		表针指示的正向电阻值较大（比如为十几千欧到几百千欧），说明二极管的性能差
测反向电阻		正常的二极管，表针指示的反向电阻应接近∞，且越大越好
		如果表针指示的反向电阻值很小或接近为0，说明二极管已经击穿

注意：表1-7是硅二极管的测量情况，如果是测量锗二极管，则正向电阻和反向电阻均有所下降。

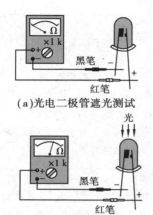

（a）光电二极管遮光测试

（b）光电二极管在光照射下测试

图1-4 光敏二极管的检测

3. 特殊二极管——光电二极管的检测

（1）光电二极管的极性判别

光电二极管具有 PN 结的特性，因此它的极性判别方法与普通二极管相同，但要注意两点：

①检测时用不透光的纸或布将光电二极管包起来，只露出管脚；

②用 R×1 kΩ 挡测量时，正向电阻比一般二极管大一些，为几千欧或 10～20 kΩ，反向电阻越大越好。

（2）光电二极管光敏特性的检测

将光敏二极管的正负极性判断出来后，万用表仍然置 R×1 kΩ 挡，红表笔接光敏二极管的正极，黑表笔接负极（测反向电阻），此时的电阻为无穷大。然后表笔不动，将包光敏二极管的纸（或布）去掉，让光线照射

光敏二极管的透明窗口，此时表针指示电阻值明显减小。电阻值变化量越大，光敏二极管的灵敏度越高，如图 1-4 所示。

想一想

（1）图 1-5（a）中的灯泡能发光吗？为什么？

（2）图 1-5（b）中，哪一端是二极管的正极？请标示出来。

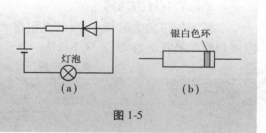

灯泡

（a）

银白色环

（b）

图 1-5

第二节 二极管单相整流电路

家用电器中的电视机、音响设备、计算机等电子设备内电路都是电子电路，而电子电路属于弱电电路，必须采用直流电作为供电电源。

然而，我们平时都是将这些电器的电源线插头直接插入 220 V 交流市电插座中使用，这是为什么呢？

这是因为在这些电子设备的内部，有一个专门的电路将交流电转变成直流电，完成这一转变功能的电路就是整流电路。在一般的电子设备中，其供电转变过程如图 1-6 所示。

图 1-6　一般电子设备的供电转变过程

可否直接用干电池给这些电子设备供电呢？当然可以，但是干电池不易提供较高的电压和功率，否则成本太高，所以干电池供电一般只用在一些低电压和小功率供电的电子设备中。

一、整流电路的作用及工作原理

1. 整流电路的作用

我们先来观察图 1-7 所示电路的电压波形。

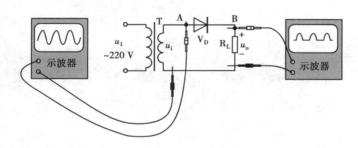

图 1-7　电路波形观察

从图中可以看出：

（1）变压器 T 是将 220 V 的交流市电电压进行降压，变为较低的交流电压 u_i（几伏～几十伏）；

（2）u_i 经过二极管 V_D，再经过 R_L 形成回路；

（3）用示波器观察 A 点的波形（没经过二极管），显示是一个低压的正弦交流电；

（4）用示波器观察 B 点的波形（经过二极管以后的波形，即 R_L 两端的电压波形），显示是一个只有正半周的脉动的直流电压波形。

这说明二极管 V_D 在电路中起了转变作用，V_D 实际上是一只起整流作用的二极管，称为整流二极管。

因此，整流电路的作用是：将交流电变成脉动的直流电。

2. 整流电路的工作原理

电路中的二极管 V_D 是怎样将大小、方向都变化的交流电变成只有正半周（方向不变）的脉动直流电呢？其整流变换原理见图 1-8 所示。

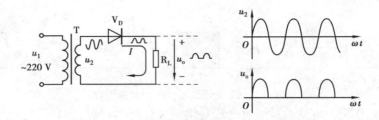

图 1-8　整流电路的原理

变压器次级电压为 $u_2 = \sqrt{2}u_2\sin\omega t$，当它为正半周时，二极管 V_D 正极电位高于负极电位，V_D 正向偏置而导通，有电流流过 R_L，产生输出电压 u_o；当 u_2 为负半周时，二极管 V_D 正极电位低于负极电位，V_D 因反向偏置而截止，无电流流过 R_L，此时 u_2 全部加在 V_D 上（V_D 承受的反向工作电压为 u_2）。如此循环，在 R_L 上就得到了只有正半周的脉动直流电。

因此，整流电路的工作原理是：利用二极管的单向导电性，将交流电变成脉动的直流电。

想一想

如果把图 1-7 中的二极管 V_D 反过来接入电路中，在 R_L 上会得到一个什么样的波形？

二、常用整流电路

整流电路有半波整流、全波整流和桥式整流电路几种，现在常用的是半波整流电路和桥式整流电路，见表 1-8 所示。

表 1-8　常用整流电路

	半波整流电路	桥式整流电路
电路 结构		

续表

	半波整流电路	桥式整流电路
输入输出波形		
工作过程及电流流动路线	u_2 为正半周时,a 端正 b 端负,V_D 正偏导通,电流流过 R_L。电流流动的路线为 a 点→V_D→R_L→b 点→线圈 u_2 为负半周时,a 端负 b 端正,V_D 反偏截止,无电流流过 R_L。 只有在正半周才有电流流过 R_L,所以称半波整流。	u_2 为正半周时,a 端正 b 端负,V_{D2}、V_{D4} 正偏导通,V_{D1}、V_{D3} 反偏截止。电流流动路线为 a 点→V_{D2}→R_L→V_{D4}→b 点 u_2 为负半周时,a 端负 b 端正,V_{D3}、V_{D1} 正偏导通,V_{D4}、V_{D2} 反偏截止。电流流动路线为 b 点→V_{D3}→R_L→V_{D1}→a 点 正半周和负半周都有电流流过 R_L,且都是从 R_L 的上端流向下端,所以桥式整流属于全波整流
输出电压的估算	$U_o = 0.45U_2$	$U_o = 0.9U_2$
输出电流的估算	$I_o = 0.45U_2/R_L$	$I_o = 0.9U_2/R_L$
整流二极管参数的选用	$I_{OM} \geq I_o$ $U_{RM} \geq \sqrt{2}U_2$ (式中,U_2 为次级交流电压的有效值,$\sqrt{2}U_2$ 为次级电压的峰值)	$I_{OM} \geq \dfrac{1}{2}I_o$ $U_{RM} \geq \sqrt{2}U_2$
特性比较	电路简单(只用一支二极管),但输出电压的脉动较大,整流效率低,适用于小电流的场合	电路较复杂(用 4 只二极管),但输出电压的脉动成分小,整流效率高,适用于电流较大的场合

三、整流桥堆

1. 什么是桥堆

桥式整流电路还有另外的两种画法,如图 1-9 所示。

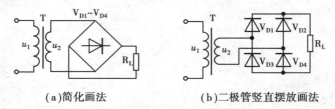

（a）简化画法　　　　　　　（b）二极管竖直摆放画法

图 1-9　桥式整流电路的另外两种画法

由于桥式整流电路使用较广,为了使用更方便,出现了将 4 只桥式整流二极管集成在一起构成的器件,这就是整流桥堆（简称桥堆）,其外形和等效电路如图 1-10 所示。

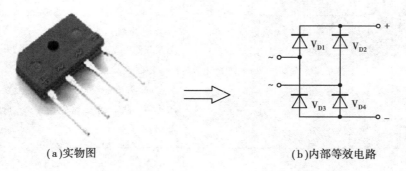

（a）实物图　　　　　　　（b）内部等效电路

图 1-10　整流桥堆

2. 桥堆构成的整流电路图

桥堆整流电路如图 1-11 所示。

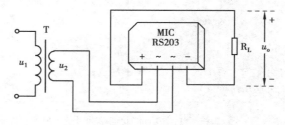

图 1-11　桥堆构成的整流电路

3. 整流桥堆的参数

整流桥堆是由二极管构成的,其参数与二极管相似,主要参数有两个:

(1)额定正向整流电流 I_o;

(2)反向峰值电压 U_{RM}。

在使用整流桥堆时,一定要根据实际电路的电流和电压值,合理选用整流桥堆的这两个参数,确保整流桥堆的使用安全。

4. 桥堆参数的标注方法

(1)直接用数字标注 I_o 和 U_{RM} 的值,如图 1-12 所示。

(2)用数字直接标注 I_o 的值,用字母表示的 U_{RM} 值,如图 1-13 所示。

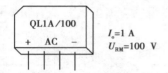

图 1-12　桥堆的参数直接标注　　　图 1-13　用字母标注桥堆的反向峰值电压

字母与 U_{RM} 的对应关系如表 1-9 所示。

表 1-9　字母与 U_{RM} 的对应关系

字母	A	B	C	D	E	F	G	H	J	K	L	M
U_{RM}/V	25	50	100	200	300	400	500	600	700	800	900	1 000

　　桥堆的参数还有其他标注方法,这里不一一列举,同学们可以查阅电子元件参数资料,也可以上网查阅。

5. 桥堆引脚的识别

在整流桥堆的 4 个引出脚的根部,都标明了该引脚的功能,其中两个" ~ "符号引脚是交流输入端," + "脚是整流输出电压的正端," - "脚是整流输出电压的负端,见图 1-10 和图 1-11。在有的桥堆上,两个交流电压输入端用"AC"标注,见图 1-12。

整流桥堆的外形有多种,有圆桥、方桥、扁桥,也有贴片桥。

第三节 滤波电路

通过前面的学习我们已经知道,整流电路能够将交流电变换成单方向的脉动直流电,但它还不是理想的直流电。脉动直流电一般运用于充电、电镀等对波形平滑程度要求不高的场合,而大多数电子设备需要脉动程度小的平滑直流电(最好是理想的直流电)。

怎样才能将整流电路输出的脉动直流电变成平滑的直流电呢? 请看图1-14。

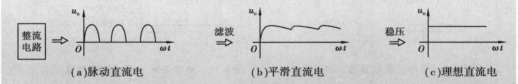

(a)脉动直流电   (b)平滑直流电   (c)理想直流电

图 1-14 3 种直流电波形的比较

能够将脉动直流电变换为平滑直流电的电路称为滤波电路(也称为滤波器)。常用的滤波电路主要有电容滤波电路、电感滤波电路和复式滤波电路。

一、电容滤波电路

1. 电路结构

在整流电路的负载 R_L 两端并联 1 只大容量的电容器(一般为大容量的电解电容),就构成了电容滤波电路。这只电容称为滤波电容,如图 1-15(a)和图 1-16(a)所示。

2. 滤波原理

由于电容 C 并联在负载 R_L 两端,电容两端的电压等于输出电压,即 $u_C = u_o$。整流和滤波是同时进行的,不能把整流和滤波分开来理解。我们可以利用电容器的充放电原理来理解电容滤波电路的原理。

(1)当变压器次级电压 u_2 从第一个正半周开始上升时,二极管 V_D 导通,电源通过二极管向负载供电的同时,又向电容 C 充电,由于二极管导通内阻很小,充电很快,使 u_C 跟随 u_2 同时上升到达峰值,如图 1-15(c)中的 OA 段。

(2)当 u_2 从峰值下降时,由于电容电压 u_C 不能突变,将出现 $u_2 < u_C$,使二极管反偏截止,于是电容 C 通过负载 R_L 放电,放电速度较慢,电容 C 上的电压逐步降低,如图 1-15(c)的 AB 段。

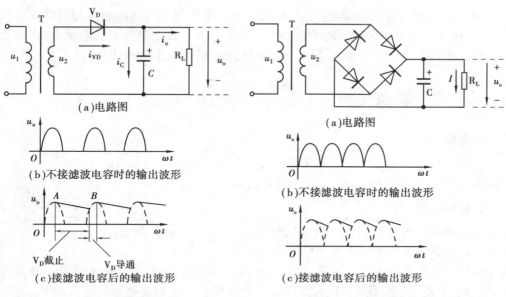

（a）电路图

（b）不接滤波电容时的输出波形

（c）接滤波电容后的输出波形

图 1-15 半波整流电容滤波

（a）电路图

（b）不接滤波电容时的输出波形

（c）接滤波电容后的输出波形

图 1-16 桥式整流电容滤波

（3）当 u_2 下一个周期的正半周上升到图 1-15（c）中的 B 点时，二极管 V_D 又导通，电容 C 又充电直到峰值，然后 u_2 下降时，二极管 V_D 又截止，电容 C 又开始放电。如此往复循环地进行，得到图 1-15（c）所示的比较平滑的直流电波形。此波形就是负载 R_L 上的电压 u_o 的波形。

电容滤波电路就是利用电容器在电路中快速充电而慢速放电来实现将脉动直流电变换为平滑直流电，这就是电容滤波电路的工作原理。

桥式整流的电容滤波电路及原理与半波整流电容滤波相同，电路和波形如图 1-16 所示，只是在电压 u_2 的一个周期内，电容要充放电两次，输出波形更加平滑。

3. 电容滤波电路的主要特点

（1）输出电压波形连续且比较平滑。

（2）电路结构简单。

（3）输出电压的平均值提高。这是因为二极管导通期间电容充电储存了电场能，而二极管截止期间电容向负载放电释放电场能的结果。输出电压的平均值为：

半波整流电容滤波电路　　$U_o = U_2$

桥式整流电容滤波电路　　$U_o = 1.2U_2$

式中，U_2 为次级电压 u_2 的有效值。

（4）无法向负载提供较大的电流，带负载能力较差，所以电容滤波电路只适用于负载较轻（R_L 较大）且变化不大的场合。为了增强电容滤波电路的带负载能力，需要大幅度提高滤波电容的电容量，一般可达几百微法（μF）甚至上万微法。

二、电感滤波电路

1. 电路结构

在整流电路与负载 R_L 之间串联一个电感线圈 L，组成电感滤波电路，如图 1-17 所示。

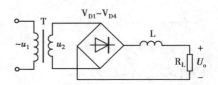

图 1-17　电感滤波电路

2. 滤波原理

将整流输出的单向脉动直流电压分解为一个直流电压分量 U 和一个交流电压分量 u，由于电感对直流电压相当于短路，对交流电压具有阻碍作用，所以交流分量 u 被滤波电感拦截，不能通过负载 R_L，而直流分量 U 能够顺利通过滤波电感到达负载 R_L，这样就从单向脉动直流电压中取出了所需的直流电压分量 U，如图 1-18 所示。

（a）整流输出脉动直流电压　　　　　（b）分解为交、直流分量

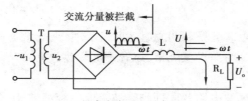

（c）电感滤波原理示意图

图 1-18　电感滤波原理

3. 电感滤波的主要特点

（1）输出电压波形连续且比较平滑。

（2）电感元件体积较大，其自身的电阻也会引起直流电压损失和功率损耗，成本也比较高，实际电路中采用较少。

（3）输出电压的平均值比电容滤波电路低，电感滤波电路输出电压的平均值为：

半波整流电感滤波电路：$U_o = 0.45U_2$

桥式整流电感滤波电路：$U_o = 0.9U_2$

（4）电感滤波可提供较大的负载电流，使用于负载较重（R_L 较小）的场合。

三、复式滤波电路

电容滤波器和电感滤波器都是基本滤波器，用它们可以组合成图 1-19 所示的复式滤波器，滤波效果比单一的电容滤波或电感滤波效果好得多，尤其以 π 型滤波效果最佳。它们的工作原理是上述两种滤波器的组合，这里不做详细分析。

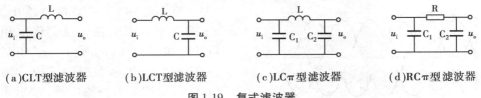

（a）CLΓ型滤波器　　（b）LCΓ型滤波器　　（c）LCπ型滤波器　　（d）RCπ型滤波器

图 1-19　复式滤波器

*第四节　三相整流电路

单相整流电路应用在负载功率需求较小的场合，一般不超过 1 kW。而在机电产品中，很多设备需要较大功率的直流供电电压，这就要采用三相整流电路。比如电弧焊机，它使用直流电压来实现金属焊接，其输出功率在几千瓦～几百千瓦，由于功率较大，一般采用三相整流电路来提供大功率直流电压输出。

一、三相整流电路的组成

1.电路结构

三相整流电路主要有三相半波整流和三相全波整流（也称三相桥式整流）两种，如图 1-20 所示。

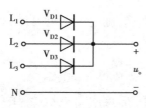

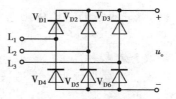

（a）三相半波整流电路　　　　　　　　　（b）三相全波整流电路

图 1-20　三相整流电路

图 1-20（a）所示为三相半波整流电路，L_1、L_2、L_3 是三相电源的 3 根相线，N 是三相电源的中线，3 只整流二极管分别接在 3 根相线上，输出电压 u_o 为 3 只二极管的负极对中线输出。

图 1-20（b）所示为三相全波整流电路，有 6 只整流二极管。

2. 三相整流原理

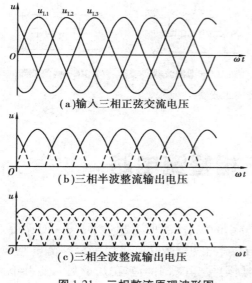

（a）输入三相正弦交流电压

（b）三相半波整流输出电压

（c）三相全波整流输出电压

图 1-21　三相整流原理波形图

（1）在三相半波整流电路中，输入的三相交流电在相位上依次相差 120°，如图 1-21（a）所示。三相交流电中的每一相和对应的二极管构成一个独立的半波整流电路，输出 3 个整流输出波形按 120°的相位差依次叠加在一起，得到输出电压 u_o，其波形如图 1-21（b）所示。

3 个波形的交点是 3 个整流二极管导通的切换点，该切换点的电压值为每相输入交流电压幅值的 1/2。

（2）在三相全波整流电路中，整流二极管输出的波形会增加一倍，按 60°的相位差依次叠加在一起，如图 1-21（c）所示。

二、三相整流电路的特点

三相整流电路的特点为见表 1-10 所示。

表 1-10　三相整流电路的特点

	三相半波整流电路	三相全波整流电路
电路图（含滤波电容和负载）	L₁ V_{D1} L₂ V_{D2} L₃ V_{D3} C R_L u_o N	V_{D1} V_{D2} V_{D3} L₁ L₂ L₃ V_{D4} V_{D5} V_{D6} C R_L u_o
特点	①采用三相四线制输入,需要中线; ②电路简单,只需3只整流二极管; ③整流二极管承受的反向电压较高; ④需要的滤波电容容量较小(与单相整流相比)	①采用三相三线制输入,不需要中线; ②电路较复杂,需要6只整流二极管; ③整流二极管承受的反向电压较低; ④需要的滤波电容容量比三相半波整流更小

  实训一 整流滤波电路的安装与测试

一、实训目的

（1）通过实训,熟悉单向半波、桥式整流滤波电路的工作原理;

（2）熟悉电阻、可变电阻（或电位器）、电容、二极管、变压器、开关等电子元器件的检测及质量判别,练习印制电路板的制作、焊接工艺;

（3）熟练万用表的使用,学会示波器的使用。

二、实训电路

实训电路如图 1-22 所示。

电路中,如果将 S₁、S₂ 均闭合,就是一个典型的桥式整流电容滤波电路。如果将

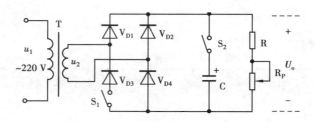

图 1-22 整流滤波实训电路

S_1 断开、S_2 闭合,电路就变为一个半波整流电容滤波电路,此时 V_{D1}、V_{D4} 工作,V_{D2}、V_{D3} 不工作。

三、实训仪器与器材

实训仪器包括:示波器 1 台,万用表 1 块;
其余实训器材见表 1-11 所示。

表 1-11　实训电路的器材清单

类　别	编　号	规　格	备　注
变压器	T	220 V/12 V　5 VA	
二极管	$V_{D1} \sim V_{D4}$	1N4001 ×4	共 4 只
电容	C	220 μF/25 V	
电阻	R	100 Ω/3 W	
	R_P	1 kΩ	立式微调电阻或电位器
开关	S_1、S_2	无	印刷电路板中用缺口代替

四、实训步骤

(1)用腐蚀法(或刀刻法)制作印制电路板一块,如图 1-23 所示。

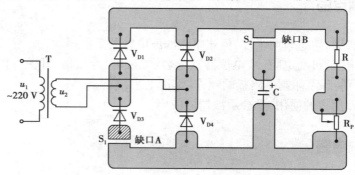

图 1-23　实训一印制板电路图

(2)用万用表电阻挡检测元件的参数,将测试数据填入表 1-12 中。

表 1-12　元器件检测记录

元件名称	检测数据		好坏判别
变压器 T	初级线圈电阻		
	次级线圈电阻		
	初级接 ~220 V 后的次级电压		
二极管	V_{D1}	正向电阻	
		反向电阻	
	V_{D2}	正向电阻	
		反向电阻	
	V_{D3}	正向电阻	
		反向电阻	
	V_{D4}	正向电阻	
		反向电阻	
电容器（黑笔接正,红笔接负）	指针右偏到最大角度时的阻值		
	指针向左回转到最大角度时的阻值		
电阻	阻值		
电位器	阻值		

（3）按图 1-23 焊接好电路,检查无误后,接通 220 V 电源。

（4）半波整流电容滤波电路的数据检测及波形观察。

①焊开 A 点和 B 点（即把 S_1、S_2 均断开）,用万用表交流电压挡测量变压器次级电压 u_2,用直流电压挡测量 U_o,并用示波器观察 u_2 及 U_o 的波形。调节 R_P 的大小,观察 u_2 及 U_o 波形的变化,将结果记入表 1-13 中。

②接通 B 点（S_2 接通,即接入滤波电容）,重新做上述操作。

（5）桥式整流滤波电路的数据检测及波形观察

①接通 A 点,断开 B 点（即 S_1 接通,S_2 断开）,R_P 调到最大,测量 U_o,并用示波器观察 U_o 的波形。调节 R_P 的大小,观察输出电压 U_o 的大小和波形变化情况,将测量结果记入表 1-13 中。

②接通 B 点（即 S_2 接通）,重新做上述操作。

表 1-13　整流滤波电路实训数据记录

电路形式		U_o 的测量值/V	U_o 的波形
半波、R_P 值最大	无滤波(S_2 断开)		
	有滤波(S_2 闭合)		
桥式、R_P 值最小	无滤波(S_2 断开)		
	有滤波(S_2 闭合)		
半波、有滤波、R_P 值由大→小		U_o 值的变化	U_o 波形的变化
桥式、有滤波、R_P 值由大→小		U_o 值的变化	U_o 波形的变化
变压器次级 u_2 的电压值		变压器次级 u_2 的波形	

五、实训结论（根据实训情况和测试数据，由学生自己归纳）

（1）整流电路的作用是什么？

（2）在输入电压 u_2 不变的情况下，半波整流与桥式整流的输出电压 U_o 有什么不同？

（3）滤波电路的作用是什么？

（4）有滤波电容和无滤波电容时，输出电压 U_o 有什么不同？

学习小结

（1）物质按导电能力可分为导体、绝缘体半导体 3 类，晶体二极管就是用半导体材料制成的。

（2）晶体二极管具有单向导电性，即正偏时导通，反偏时截止。

（3）晶体二极管为非线性器材，它的伏安特性曲线形象地描述了二极管的单向导电性和反向击穿特性。普通二极管工作在正向导通区，稳压二极管工作在反向击穿区。

（4）晶体二极管有两个最主要的参数：最大整流电流 I_{OM} 和最高反向工作电压 U_{RM}，选用时要注意这两个参数。

（5）除普通二极管外，还有几种常用的特殊二极管：稳压二极管、发光二极管、光敏二极管、变容二极管等。

（6）可以根据二极管的单向导电性（正偏导通时电阻小，反偏截止时电阻大），使用万用表的电阻挡判断它的极性和好坏。

（7）利用二极管的单向导电性，可以组成半波、桥式（全波）整流电路，将交流电转换成脉动的直流电。其中桥式整流电路每半个周期由对边上的两只二极管导通，使负载上得到方向一致的脉动直流电。而且可将 4 只二极管封装在一起构成整流桥堆，使整流电路结构简化。

（8）为了向电器设备提供比较平滑的直流电，对整流输出的脉动直流电必须进行滤波。最基本的滤波电路是电容滤波电路和电感滤波电路，广泛使用的是复式滤波电路。

（9）为了得到大电流、大功率的直流电源，可以采用三相整流电路。

学习评价

1. 判断题

（1）二极管具有单向导电特性。　　　　　　　　　　　　　　　　　（　　）

（2）二极管发生电击穿后，该二极管就坏了。　　　　　　　　　　　（　　）

（3）从二极管的伏安特性曲线可知，它的电压电流关系满足欧姆定律。（　　）

（4）用机械式万用表判别二极管的极性时，若测的是二极管的正向电阻，那么标有"＋"号的测试笔相连的是二极管的正极，另一端是负极。　　　　（　　）

（5）一般来说，硅二极管的死区电压小于锗二极管的死区电压。　　　（　　）

（6）在输入的交流电压相同的情况下，桥式整流的输出电压高于半波整流的输出电压，桥式整流的效率也高于半波整流。　　　　　　　　　　　（　　）

2. 选择题

（1）如果二极管的正、反向电阻都很大，则该二极管（　　　　）。

　　A. 正常　　　　　　　　B. 已经击穿　　　　　　　　C. 内部断路

（2）如果二极管的正、反向电阻都很小（或为 0），则该二极管（　　　　）。

　　A. 正常　　　　　　　　B. 已经击穿　　　　　　　　C. 内部断路

（3）交流电通过整流电路后，所得到的输出电压是（　　　　）。

　　A. 交流电压　　　　　　B. 脉动直流电压　　　　　　C. 平滑的直流电压

（4）在单向桥式整流电路中，若变压器次级电压的有效值 $U_2 = 10\ V$，则输出电压 U_o 为（　　　　）。

　　A. 4.5 V　　　　　　　　B. 9 V　　　　　　　　　　C. 10 V

（5）在单向桥式整流电容滤波电路中,若变压器次级电压的有效值 $U_2 = 20$ V,则输出电压 U_o 为(　　)。

A. 12 V　　　　　　　B. 20 V　　　　　　　C. 24 V

3. 填空题

（1）二极管按使用的材料可分为_____和_____两类。

（2）锗二极管的正向偏置电压必须达到_____才能导通,硅二极管的正向偏置电压必须达到_____才能导通。

（3）用机械式万用表的 R×1 kΩ 挡进行测量时,锗二极管正向电阻为_____左右,硅锗二极管正向电阻为_____左右。

（4）锗二极管和硅二极管的死区电压分别为_____和_____。

（5）锗二极管和硅二极管导通时的正向压降分别为_____和_____。

（6）当加到二极管上的反向电压增大到一定数值时,反向电流会突然增大,此现象称为二极管的_____现象。

4. 简答题

（1）简述二极管的单向导电性。

（2）二极管有哪两个主要参数? 它们的含义是什么?

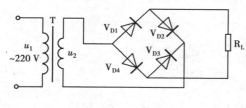

图 1-24

（3）简述二极管整流电路的工作原理。

（4）简述电容滤波电路和电感滤波电路的工作原理。

（5）若将桥式整流电路接成如图 1-24 所示,将出现什么后果? 为什么? 试将电路改正确。

5. 作图题

（1）作出二极管的伏安特性曲线,并简要说明每一段的意义。

（2）分别作出桥式整流电容滤波电路和半波整流电感滤波电路的电路图。

6. 计算题

（1）如图 1-25 所示,$u_A = 10$ V,求 S 断开和闭合时 u_B 的值。

（2）如图 1-26 所示,设 $u_2 = 10$ V,求 S 断开和闭合时 u_o 的值。

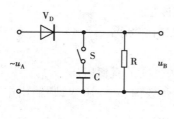

图 1-25

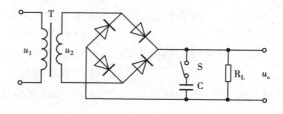

图 1-26

第二章
晶体三极管及放大电路基础

1. 知识目标

（1）知道晶体三极管的管型、结构和符号，懂得晶体三极管的电流分配和电流放大原理；

（2）知道构成放大电路的基本条件，会分析基本的放大电路，明白各元件的作用；

（3）能判别共射、共基、共集 3 种放大电路，并能说出它们各自的特点；

（4）能说出直流通路、交流通路的意义和作用，明白电压放大倍数、输入电阻、输出电阻的概念；

（5）知道温度对放大器性能的影响，能记住分压式偏置放大电路的结构和各元件的作用。

2. 能力目标

（1）能识别晶体三极管的管型和引脚，会根据其参数正确选用晶体三极管；

（2）会使用万用表对晶体三极管进行测量，从而判断其管型、引脚，并能判断其好坏；

（3）能够作出放大电路的交流通路和直流通路；

（4）能够组装分压式偏置放大电路，并能对其静态工作点进行合适的调整。

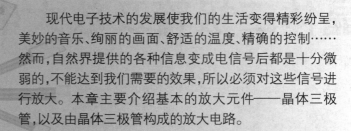

现代电子技术的发展使我们的生活变得精彩纷呈，美妙的音乐、绚丽的画面、舒适的温度、精确的控制……然而，自然界提供的各种信息变成电信号后都是十分微弱的，不能达到我们需要的效果，所以必须对这些信号进行放大。本章主要介绍基本的放大元件——晶体三极管，以及由晶体三极管构成的放大电路。

第一节　晶体三极管基础

在分析放大电路时，为了区别电器元件和电量以及区分电压和电流的直流分量、交流分量、交直流的叠加量和交流分量的瞬时值及有效值，现对符号用法做如下规定：

采用正体字母代表电器元件，如 E, R, C 等分别表示电源、电阻器和电容器，相应元件的电量 E, R, C 等分别表示电源的电动势、电阻器的电阻和电容器的电容；用大写字母带大写下标表示直流分量，如 I_B, U_C 分别表示基极直流电流和集电极直流电压；用小写字母带小写下标表示交流分量的瞬时值，如 i_b, u_c, u_i, u_o 分别表示基极交流电流、集电极的交流电压以及输入和输出的交流信号电压的瞬时值；用小写字母带大写下标表示交直流叠加量，如 $i_B = I_B + i_b$ 表示基极电流（叠加）总量的瞬时值；用大写字母带小写下标表示交流分量的有效值，如 U_i, U_o 分别表示交流信号电压的有效值；用大写字母带 m 下标表示交流分量的振幅值，如 I_m, U_m 分别表示交流电流、电压的峰值。

作为放大电路的基本元件，晶体三极管的结构是怎样的？它又是怎样来实现对电信号进行放大的呢？让我们来认识晶体三极管吧！

一、晶体三极管基础

1. 晶体三极管的结构和符号

晶体三极管由 3 个区、2 个 PN 结、3 个引出脚构成，根据极性的不同，晶体三极管分为 NPN 型和 PNP 型两大类，其结构、符号见表 2-1 所示。

表 2-1　三极管的种类、结构、符号

种　类	结　构	符　号	结构特点
NPN 型	c(集电极) 集电结 N 集电区 b(基极) P 基区 发射结 N 发射区 e(发射极)	c b —— V e	①发射区的掺杂浓度大,增强了载流子的发射能力; ②基区很薄,使发射区的载流子可以很容易通过基区到达集电区; ③集电区较大,有利于收集和吸收载流子; ④有 3 个引出脚,分别是基极 b、集电极 c、发射极 e
PNP 型	c(集电极) 集电结 P 集电区 b(基极) N 基区 发射结 P 发射区 e(发射极)	c b —— V e	

在电路中,三极管一般用字母"V"表示。

(1)可否用两个二极管组合构成一个三极管? 为什么?

(2)三极管的集电极 c 和发射极 e 能不能对调? 为什么?

2.三极管的外形和引脚识别

常见的三极管根据封装方式不同,分为塑料封装(塑封)三极管、金属封装(金封)三极管以及贴片三极管等,其外形如图 2-1 所示。

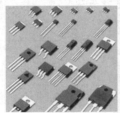

图 2-1　常见三极管的外形

在使用中,三极管的3个引出脚 e、b、c 必须区分清楚,不能混用。各种封装方式的三极管的3个引脚排列是有一定规律的,可以通过外形进行识别和判断,方法见表2-2 所示。

记一记

表2-2   三极管的引脚排列规律

封装方式	引脚排列规律示意图	说　明	常见型号
塑料封装		有文字面正对人,让引脚朝下,则由左至右依次为 e、b、c	90 系列:9011、9012、9013、9014、9015、9018 等(其中9012、9015 为 PNP 管,其余为 NPN 管);8050、8550 等
		有文字面正对人,让引脚朝下,则由左至右依次为 b、c、e	1651、1710、2613 等
金属封装		管脚面对人,3 个引脚呈等腰三角形,则由顶角开始,逆时针依次为 b、e、c	3DG12 等
		管脚面对人,较远的孔与两个引脚呈等腰三角形,则由顶角(孔)开始,逆时针依次为 c、e、b	3DD15D、3DD03C 等
贴片封装		有文字面正对人,让引脚朝下,则由左至右依次为 e、b、c	种类较多
		从两个引脚的边开始,逆时针依次为 e、b、c	种类较多

有个别特殊三极管,其外形和引脚排列与表中的情形不一样,所以,对三极管的引脚判断,不能完全依赖于外形识别,还需要与仪表测试相结合。

做一做

　　拿出塑料封装、金属封装、贴片封装的三极管各两个,进行外观识读和管脚判别,将识读和判断结果填入表2-3中。

表2-3　三极管的外形识别

种　类	编号	外形示意图及引脚判别	型　号	评　价
塑料封装	1			
	2			
金属封装	1			
	2			
贴片封装	1			
	2			

3. 三极管的电流分配与电流放大原理

（1）三极管的电流分配

　　三极管具有电流放大作用,在正常工作时,三极管的 3 个引脚之间的电流具有一定的关系,如图2-2所示。

　　对于 NPN 型三极管,基极电流 I_B 和集电极电流 I_C 都流进三极管,而发射极电流 I_E 为流出;对于 PNP 型三极管,发射极电流 I_E 为流进三极管,而基极电流 I_B 和集电极电流 I_C 都为流出三极管。如果把三极管看作一个封

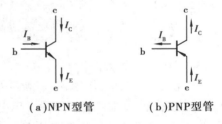

（a）NPN型管　　　　（b）PNP型管

图2-2　三极管的电流分配

闭面,根据基尔霍夫定律,则有流进三极管的电流等于流出三极管的电流,即

$$I_E = I_C + I_B$$

　　上式表示:三极管的发射极电流等于集电极电流与基极电流之和。这是在三极管和放大电路中的一个基本公式。

（2）三极管的电流放大作用

　　三极管具有电流放大作用,当三极管的工作状态满足其放大条件时,它的集电极电流 I_C 与基极电流 I_B 之间就有一个固定的倍率关系,这个倍率我们用字符 β 表示,即:

$$\beta = \frac{I_C}{I_B}$$

　　β 称为三极管的电流放大倍数,它没有单位。对于一个三极管而言,β 是一个常

数,其值一般在几十到几百。由于集电极电流是基极电流的 β 倍,所以我们认为集电极电流是对基极电流的放大,即三极管具有电流放大作用。

上式表示的是三极管的集电极和基极直流电流的关系,其实,电流放大倍数 β 也可以反映在某一段时间内,三极管的集电极和基极的电流变化关系,即:

$$\beta = \Delta i_C / \Delta i_B$$

式中,Δi_C 表示集电极电流的变化量,Δi_B 表示基极电流的变化量。即可以用较小的基极电流变化,去控制较大的集电极电流变化,这就是三极管的电流放大原理。

归纳上面所述,得到三极管 3 引脚间的电流关系为:

$$I_E = I_C + I_B$$

$$I_C = \beta I_B$$

$$I_E = I_C + I_B = \beta I_B + I_B = (1 + \beta)I_B \approx I_C$$

（1）已知三极管的集电极电流为 2 mA,基极电流为 0.05 mA,则三极管的发射极电流为_____。如果某三极管的基极电流为 20 μA,集电极电流为 1 mA,则三极管的发射极电流为_____。

（2）已知三极管的电流放大倍数为 60,基极电流为 50 μA,则其集电极电流为_____,其发射极电流为_____。

（3）三极管的放大条件

三极管要具有放大作用,必须满足外部电压条件:发射结正偏,集电结反偏。即外加电压必须是使发射结正向偏置、集电结反向偏置的电压。为了保证这一点,对于 NPN 管而言,要求 3 个电极的电压关系为:$U_C > U_B > U_E$;而对于 PNP 管而言,要求 3 个电极的电压关系为:$U_E > U_B > U_C$,两种三极管的供电如图 2-3 所示。

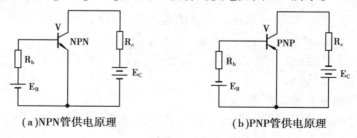

（a）NPN管供电原理　　　　　　　（b）PNP管供电原理

图 2-3　三极管的直流供电原理图

如图 2-3 所示为三极管供电时,可以满足其放大条件,但是这种供电方式需要两个电源,在实际使用中很不方便,所以一般采用单个电源供电方式来满足三极管的放大条件,如图 2-4 所示。

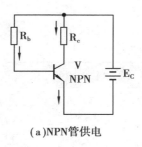 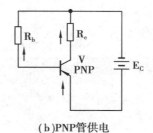

（a)NPN管供电　　　　　　　（b)PNP管供电

图 2-4　三极管的单电源供电

在这种单电源供电方式中，电阻 R_b 称为三极管的基极偏置电阻，一般要求 R_b 远大于集电极电阻 R_c。

4. 晶体三极管的特性曲线

三极管上外加电压与电流的关系曲线称为三极管的特性曲线。特性曲线反映了三极管的性能与特点，是分析和设计三极管电路的重要依据。三极管的特性曲线包括输入特性曲线和输出特性曲线。

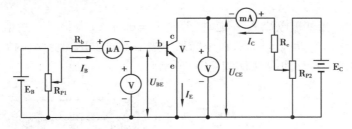

图 2-5　三极管特性曲线测试电路

下面以 NPN 型三极管为例来分析三极管的特性曲线。连接好如图 2-5 所示的三极管特性曲线测试电路。

（1）输入特性曲线

输入特性曲线是指当三极管的 U_{CE}（c、e 极之间的电压）一定时，基极电流 I_B 与发射结电压 U_{BE} 之间的关系曲线。

在图 2-5 中，调节 R_{P1} 的值，则 U_{BE}、I_B 也会相应变化。作出 I_B、U_{BE} 坐标系，在坐标系中描出不同的 R_{P1} 值对应的 U_{BE}、I_B 值点，则得到三极管的输入特性曲线，如图 2-6 所示。

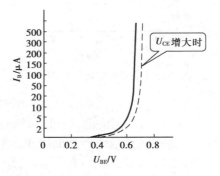

图 2-6　三极管的输入特性曲线

由三极管的输入特性曲线可知三极管的输入特性，见表 2-4 所示。

表 2-4　三极管的输入特性

要　点	说　明
死区	三极管的 be 结相当于一个二极管,与二极管相似,当 U_{BE} 大于死区电压时,be 结才导通。硅管的死区电压为 0.5 V 左右
导通区	当 be 结导通后,U_{BE} 有微小的变化,基极电流 I_B 就会有很大的变化(曲线几乎是直线)。三极管正常放大时,U_{BE} 基本不变,硅管为 0.7 V,锗管为 0.3 V
U_{CE} 的影响	当三极管的 c、e 极间电压 U_{CE}(常称为管压降)增大时,曲线略有右移,即 U_{BE} 略有增大。总体来说,U_{CE} 对输入曲线的影响是非常微小的,可以忽略

（2）输出特性曲线

三极管的输出特性曲线是指当 I_B 一定时,集电极电流 I_C 与管压降 U_{CE} 之间的关系曲线。

在图 2-5 中,当基极电流 I_B 一定时(假设 $I_B = 60\ \mu A$),调节 R_{P2} 的值,则 U_{CE}、I_C 也会相应变化。作出 I_C、U_{CE} 坐标系,在坐标系中描出不同的 R_{P2} 值对应的 U_{CE}、I_C 值点,则得到三极管的输出特性曲线,如图 2-7(a)所示。

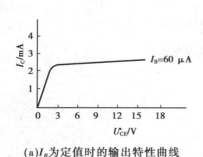

(a)I_B 为定值时的输出特性曲线

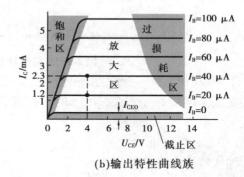

(b)输出特性曲线族

图 2-7　三极管的输出特性曲线

如果 I_B 取不同的值,则可以得到不同的输出特性曲线。图 2-7(b)即为 I_B 取不同的值时,三极管的输出特性曲线族。从图中可以得出几个特点:

①当 $U_{CE} = 0$ 时,$I_C = 0$。当 U_{CE} 增加时,I_C 也增加,但当 U_{CE} 增加到一定值(1 V 左右)后,I_C 就基本不再变化,所以曲线基本与横轴平行。

②当基极电流 I_B 增加时,集电极电流 I_C 增加更多(β 倍),形成平行的曲线。曲线间的间距越大,则三极管的电流放大倍数越大。

由图 2-7(b)可以看出,三极管的输出特性曲线可以分作 4 个区域,分别反映了三极管不同的工作状态,见表 2-5 所示。

表 2-5 三极管输出特性曲线的几个区域

区 域	位 置	特 点
截止区	$I_B=0$ 曲线以下的区域	U_{BE} 的值低于死区电压,三极管处于截止状态,$I_B=0$,$I_C\approx 0$。这时的微弱集电极电流称为三极管的穿透电流,用 I_{CEO} 表示。选用三极管时,I_{CEO} 越小越好
放大区	曲线族中平行且等距的区域	此区域内,满足三极管的放大条件(发射结正偏,集电结反偏),三极管处于正常放大状态,$I_C=\beta I_B$。在曲线族中,当 U_{CE} 取一定值(比如 4 V)时,对应取两个基极电流 I_B 的值(比如为 20,40 μA),则对应有两个集电极电流 I_C 的值(图中为 2.3,1.2 mA),根据 $\beta=\Delta i_C/\Delta i_B$,则可以求出三极管的电流放大倍数 β 值为 55 $\left(\beta=\Delta i_C/\Delta i_B=\dfrac{2.3\ \text{mA}-1.2\ \text{mA}}{40\ \mu A-20\ \mu A}\right)$
饱和区	曲线族左边陡直部分到纵轴之间的区域	在此区域内,三极管工作于饱和状态。三极管的发射结和集电结均处于正偏状态,I_C 不受 I_B 控制(不成 β 倍关系),U_{CE} 的值很小(0.1～0.2 V),c、e 间接近于短路。所以,三极管饱和时,相当于开关接通
过损耗区	曲线族的右上部	不安全工作区,三极管耗散功率太大,易发热损坏

(1)某三极管的输出特性曲线如图 2-8 所示,该三极管的 β 值为_____。

(2)测得电路中某 NPN 型硅三极管的 c、b、e 极电压分别为 6,6.6,5.9 V,此三极管工作于_____状态;如果 c、b、e 极电压分别为 6,2,2.5 V,此三极管工作于_____状态;如果 c、b、e 极电压分别为 6,2,1.3 V,此三极管工作于_____状态。

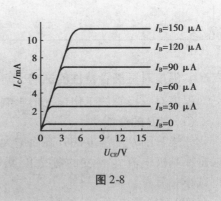

图 2-8

5. 三极管的主要参数与选用

三极管的主要参数有 5 个,见表 2-6 所示。

表 2-6　三极管的主要参数

参　数	符号	含　义	选　用
电流放大倍数	β	反映电流放大能力。中小功率三极管的 β 值一般在几十到几百,大功率三极管的 β 值一般在 $10\sim50$。在高频状态下工作时,β 值会下降	视具体要求而定
穿透电流	I_{CEO}	是集电极与发射极间的漏电流。硅管的 I_{CEO} 较小,在 1 μA 以下,锗管的 I_{CEO} 较大,为几十到几百 μA	I_{CEO} 越小越好
反向击穿电压	U_{CEO}	基极开路时,c、e 之间能够承受的最高反向工作电压	要求 $U_{CE}<U_{CEO}$,否则损坏三极管
集电极最大允许电流	I_{CM}	三极管的 I_C 增大时,β 值会下降,当 β 值下降到正常值的 2/3 时对应的 I_C 值即为集电极最大允许电流 I_{CM}	工作电流不能超过 I_{CM},否则损坏三极管
最大耗散功率	P_{CM}	正常工作时,三极管上会产生功耗:$P_C=U_{CE}I_C$,如果 P_C 太高,三极管会因发热而损坏。P_{CM} 是保证三极管能维持正常工作的最大耗散功率。$P_{CM}<300\ mW$ 的三极管称为小功率三极管;$300\ mW<P_{CM}<1\ W$ 的三极管称为中功率管;$P_{CM}>1\ W$ 的三极管称为大功率管	正常使用条件下,保证 $P_C<P_{CM}$

6. 温度对三极管特性的影响

温度对三极管的工作情况的影响较大,主要表现在 3 个方面:

（1）对 β 的影响

三极管的 β 随温度的升高而增大,温度每上升 1 ℃,β 值约增大 0.5% ~ 1%,其结果是在基极电流 I_B 不变的情况下,集电极电流 I_C 将随温度上升而增大,而管压降 U_{CE} 将减小。

（2）对穿透电流 I_{CEO} 的影响

I_{CEO} 是由少数载流子漂移运动形成的,它与环境温度关系很大,I_{CEO} 随温度上升会急剧增加。温度每上升 10 ℃,I_{CEO} 将增加 1 倍。由于硅管的 I_{CEO} 很小,所以温度对硅管的穿透电流 I_{CEO} 影响不大。

（3）对发射结电压 U_{BE} 的影响

与二极管的正向特性一样,温度上升 1 ℃,U_{BE} 将下降 2 ~ 2.5 mV。

由于温度对三极管的工作情况影响较大,所以在实际的三极管放大电路中,要充分考虑温度因素,可以采取一些稳定措施和温度补偿措施。

二、晶体三极管的检测

三极管的检测包括管型、引脚判断,性能判别和 β 值大小估测等,这里以指针式万用表为例进行讲解,具体判别方法见表 2-7 所示。

表 2-7　三极管的检测

检测项目	检测方法
基极 b 和管型	选欧姆挡的 R×1 kΩ 挡(或 R×100 Ω),两表笔去测三极管任意两引脚间电阻。表笔分别接不同的引脚,共有 6 种测法,只有两次电阻值小(其余皆为∞)。在这两次小阻值中,某一表笔接的三极管的某一引脚不变,则三极管的此引脚即为基极 b。如果不动的表笔为黑笔,则三极管为 NPN 型;如果不动的表笔为红笔,则三极管为 PNP 型。 在上述测试过程中,如果 6 次测得的阻值不是两次小(阻值小的次数大于或者小于 2 次),则说明三极管已经损坏
集电极 c 和发射极 e	对 NPN 管,两表笔去测除开 b 极外的另两个引脚,用手同时搭住 b 极和黑表笔,记下电阻值的大小;然后交换红黑表笔测试,手仍然同时搭住 b 极和黑表笔,记下电阻值的大小。比较两次的阻值,阻值小的一次,黑表笔接的为 c 极,红表笔接的为 e 极
	对 NPN 管,两表笔去测除开 b 极外的另两个引脚,用手同时搭住 b 极和红表笔,记下电阻值的大小;然后交换红黑表笔测试,手仍然同时搭住 b 极和红表笔,记下电阻值的大小。比较两次的阻值,阻值小的一次,红表笔接的为 c 极,黑表笔接的为 e 极
三极管的性能判别	条件允许时可以使用晶体管图示仪测试三极管的性能,也可以使用普通指针式万用表对晶体管的穿透电流 I_{CEO} 进行粗略估测。其方法为:选万用表 R×10 kΩ 挡,对于 NPN 型管,黑表笔接集电极 c,红表笔接发射极 e(对 PNP 型管则黑表笔接 e,红表笔接 c)。若阻值很小(或为 0),表示管子已经击穿;若阻值较小,说明穿透电流大,稳定性差;若阻值接近无穷大,表示三极管性能好。 在测试过程中,可以让电烙铁靠近被测三极管对它进行加热,同时观察电阻值变化情况,若加热后阻值明显下降,说明该三极管的热稳定性差
β 值估测	选万用表的 R×1 kΩ 挡(或 R×100 Ω 挡),对 NPN 型管,红表笔接发射极,黑表笔接集电极。测量时,只要比较用手搭住基极和集电极,把手放开这两种情况下指针摆动的大小,摆动越大,β 值越高。 对 PNP 型管,黑表笔接发射极,红表笔接集电极,同样比较用手搭住基极和集电极,把手放开这两种情况下指针摆动的大小,摆动越大,β 值越高

找出 NPN 型、PNP 型三极管(各种样式均可)各若干个,用指针式万用表进行测量练习。检测上表中的 4 个项目,看谁测得准,看谁测得快!

第二节　放大电路的构成

三极管具有电流放大作用,那么用三极管就可以完成对电信号的放大吗？不是的,三极管还需要和一些其他元件构成完整的放大电路,才能实现对电信号的放大。放大电路(又称放大器)广泛应用在音响、电视、精密测量仪器等复杂的自动控制系统中。

一、基本的共射放大电路

1. 构成放大电路的条件

一个完整的放大电路必须具有放大元件,同时还须满足直流条件和交流条件。

(1)放大元件

放大元件是放大电路的核心器件,它可以是三极管,也可以是场效应管(将在第三章中介绍)或者集成电路。如果放大元件是三极管,要求其工作在放大区,并能够对信号进行不失真的放大。

(2)直流条件和交流条件

直流条件是指必须达到放大元件的供电要求,包括电压的大小、极性等。对于由三极管构成的放大电路而言,直流条件就是必须满足三极管的放大条件:发射结正偏,集电结反偏。在实际的放大电路中一般采用单电路源供电,通过电阻的分压或分流作用来实现三极管的放大条件,完成这个功能的电阻称为偏置电阻(偏置电阻一般主要指基极电阻)。

交流条件是指放大器的输入信号源到负载之间,交流通路必须要畅通,交流信号能够顺利地送到放大元件进行放大,然后能够顺利地送到负载上。一般常用电容器的"隔直通交"作用来耦合传递交流信号,或者用变压器的电磁耦合来传递交流信号等。

2. 基本的共射放大电路

基本的共射放大电路如图 2-9 所示,由于三极管的发射极是输入信号 u_i 和输出信号 u_o 的共用端,所以称共射放大电路。在放大电路中,一般将共用端接地($\perp$)。

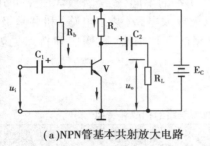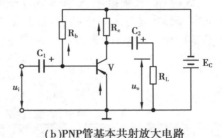

(a)NPN管基本共射放大电路　　　　　　(b)PNP管基本共射放大电路

图 2-9　基本的共射放大电路

二、共射放大电路中主要元件的作用

这里以 NPN 管放大器为例来介绍基本的共射放大电路。在放大电路的习惯画法中,电源元件一般不画出,只用符号表示即可("$+E_C$"表示电源的"$+$"极接在此,而电源的"$-$"极接地,即"$\perp$"处),则 NPN 管基本共射放大电路可画为图 2-10 所示。

电路中各元件的作用见表 2-8 所示。

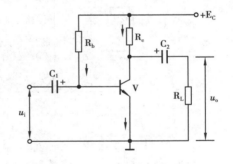

图 2-10　NPN 管基本共射放大电路

表 2-8　NPN 管基本共射放大电路中各元件的作用

元件	名　称	说　明	元件	名　称	说　明
V	三极管	放大元件	R_L	负载电阻	实际的负载
R_b	偏置电阻	提供基极偏置	C_1	耦合电容	输入信号耦合
R_c	集电极电阻	充当集电极负载,是放大器负载的一部分	C_2	耦合电容	输出信号耦合
			E_C	电源	为整个放大器供电

需要注意的是:图中的两个耦合电容一般都是电解电容,在连接时要保证其正极接高电位端,负极接低电位端。

三、共射、共集、共基 3 种放大电路的构成和特点

在放大电路中,根据输入和输出对三极管共用端的不同,三极管放大电路可分为 3 种:共发射极放大电路(简称共射电路)、共集电极放大电路(共集电路)和共基极放大电路(共基电路),常把这 3 种电路称作放大电路的 3 种组态,其构成和特点见表 2-9 所示。

记一记

表 2-9　共射、共集、共基 3 种放大电路的构成和特点

电路种类	简易电路图	特　点	说　明
共射电路		①信号从基极输入,集电极输出,发射极为公共端; ②电压放大倍数高; ③输出电压与输入电压反相; ④输入电阻适中,输出电阻较大; ⑤高频特性差,稳定性较差; ⑥用途:常用于多级放大器的输入级、中间级	①三极管的公用端一般指交流接地端,可以是直接接地(交、直流均接地),也可以通过电容接地(只有交流接地); ②电源"＋"端交流与地是相通的,所以接电源"＋"端就是交流接地
共集电路		①信号从基极输入,发射极输出,集电极为公共端,也称为射极输出器或射极跟随器; ②电压放大倍数低,小于1; ③输出电压与输入电压同相; ④输入电阻大,输出电阻小; ⑤高频特性较好,稳定性较好; ⑥用途:常用于多级放大器的输入级、缓冲级、输出级	
共基电路		①信号从发射极输入,集电极输出,基极为公共端(交流接地); ②电压放大倍数高; ③输出电压与输入电压同相; ④输入电阻小,输出电阻较大; ⑤高频特性好,稳定性较好; ⑥用途:常用于高频放大电路、宽带放大电路或恒流源电路	

第三节　放大电路分析

我们已经知道了放大电路的基本结构,在实际应用中还会涉及到放大电路的哪些内容呢? 这里以图 2-10 所示的 NPN 管基本共射放大电路为例,对放大电路进行简单介绍和基本分析。

一、直流通路和交流通路

1.直流通路

放大器的直流通路是指直流等效电路,它是为保证三极管的放大条件而向三极管各电极供电的电路,其画法为:将电路中的电容开路,电感短路,其余元件保留。图 2-10所示的 NPN 管基本共射放大电路的直流通路如图 2-11 所示。

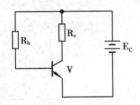

图 2-11　直流通路

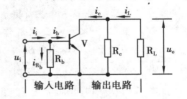

图 2-12　交流通路

2.交流通路

放大器的交流通路指交流等效电路,它是放大器中交流信号流通的路径。放大器交流通路的画法为:将电路中的电容和电源视为短路,电感视为开路,其余元件保留。图 2-10 所示的 NPN 管基本共射放大电路的交流通路如图 2-12 所示。

二、放大器的性能指标

放大器的性能指标可以反映放大器的性能优劣,是设计和选用放大器的重要参考因素。放大器的主要性能指标见表 2-10 所示。

表 2-10　放大器的主要性能指标

性能指标	含　义	表达式
电压放大倍数	放大器的输出电压 U_o 与输入电压 U_i 的比值 A_u，它没有单位	$A_u = \dfrac{U_o}{U_i}$
	在实际应用中，电压放大倍数常用电压增益 G_u 来表示，单位为分贝（dB）	$G_u = 20\lg\dfrac{U_o}{U_i} = 20\lg A_u$
功率放大倍数	放大器的输出信号功率 P_o 与输入信号功率 P_i 的比值 A_P，它没有单位	$A_P = \dfrac{P_o}{P_i}$
	功率放大倍数也常用功率增益 G_P 来表示，单位为分贝	$G_P = 10\lg\dfrac{P_o}{P_i} = 10\lg A_P$
输入电阻	指放大器从输入端看进去的交流等效电阻。当加上输入信号 u_i 时，放大器产生输入电流 i_i，输入电阻等于输入电压 u_i 与输入电流 i_i 的比值	$r_i = \dfrac{u_i}{i_i}$ 输入电阻大些较好
输出电阻	指放大器从输出端看进去的等效电阻（不包括负载电阻）。如果把放大器看作一个信号源（向负载提供信号），则输出电阻相当于信号源的内阻	用符号 r_o 表示，输出电阻 r_o 越小越好
通频带	放大电路是有一定频率范围的，不同频率信号的放大能力不相同，当频率升高或降低时，放大倍数都会降低。当放大器的放大倍数下降到正常值的 0.707 倍时，所对应的高端频率 f_H（称为上限截止频率）与低端频率 f_L（称下限截止频率）之差，称为通频带 f_{BW}（也有用符号 BW 表示的），见右图	（图：幅频特性曲线，纵轴 A_u，A_{um}，$0.707A_{um}$，横轴 f，标出 f_L、f_H，通频带 f_{BW}） $f_{BW} = f_H - f_L$

三、静态工作点及其调试

1. 放大器的静态工作点

放大器无输入信号时的状态称为静态，实际上就是放大器的直流工作状态。静态时，在放大器的三极管上有几个重要的直流量参数：U_{BE}、I_B、I_C、U_{CE}，它们对应着放大器输入输出特性曲线上的某一点 Q，如图 2-13 所示，称为静态工作点。将这几个参量都增加一个下标 Q 以示区别，即静态工作点参数为：U_{BEQ}、I_{BQ}、I_{CQ}、U_{CEQ}。

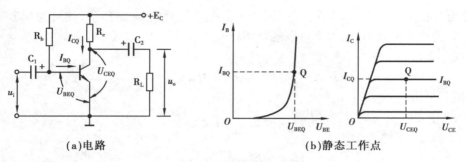

(a)电路　　　　　　　　　　　(b)静态工作点

图 2-13　放大器的静态工作点

　　放大器为什么要设置静态工作点呢？是为了保证输入的交流信号能够被放大器不失真地放大。如果不设置静态工作点，即 $U_{BEQ}=0$，在输入交流信号的负半周，三极管 be 结反偏截止，信号不能被放大；而在输入交流信号正半周小于三极管死区电压部分，三极管处于截止区不导通，信号也得不到有效放大；只有在信号的正半周且大于死区电压部分，才能得到正常放大。这样，就会导致放大器的输出信号与输入信号波形不同，这种现象称为失真。

2. 静态工作点的调试

　　为了避免放大器产生失真，必须设置合适的静态工作点，使整个输入信号周期内，放大器都处于放大区，否则信号会产生失真。当放大器的三极管处于截止区而导致的失真称为截止失真，当三极管进入饱和区而导致的失真称为饱和失真（工作点设置过高），如图 2-14 所示。

　　静态工作点的调试一般通过调节三极管基极的偏置电阻（如图 2-13 中的 R_b），从而改变三极管的基极电流 I_{BQ} 来实现。当 I_{BQ} 改变时，I_{CQ}、U_{CEQ} 也随之改变，则放大器的静态工作点改变。

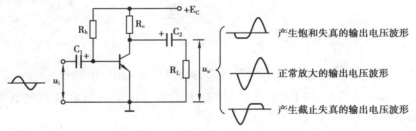

图 2-14　饱和失真与截止失真

*四、放大器的参数估算

　　放大器的估算包括静态工作点、输入电阻、输出电阻、电压放大倍数等项目。

1. 放大器静态工作点的估算

　　放大器的静态工作点可以通过数学表达式来进行估算，估算静态器的静态工作点时,主要包括 I_{BQ}、I_{CQ}、U_{CEQ} 3 个参数(因为 U_{BEQ} 是三极管的 be 结压降,硅管为 0.7 V 左右,锗管为 0.3 V 左右,基本上可以忽略不计)。

在图 2-13(a)中

$$E_C = I_{BQ}R_b + U_{BEQ}$$

整理可得

$$\begin{cases} I_{BQ} = \dfrac{E_C - U_{BEQ}}{R_b} \approx \dfrac{E_C}{R_c} \\ I_{CQ} = \beta I_{BQ} \\ U_{CEQ} = E_C - I_{CQ}R_c \end{cases}$$

这就是对基本放大器的静态工作点进行估算的表达式。

2. 输入电阻的估算

通过前面的学习我们知道,放大器的输入电阻是指从输入端看进去的交流等效电阻,用符号 r_i 表示。对输入电阻进行估算时,先作出放大器的交流等效电路,再计算出其输入端的等效电阻即可。

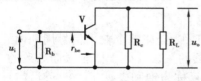

图 2-15　交流等效电路

对于图 2-13(a)所示的基本放大电路,其交流等效电路如图 2-15 所示。从输入端看进去,输入电阻 r_i 等于电阻 R_b 与电阻 r_{be} 的并联值。

r_{be} 是三极管的发射结交流等效电阻,其大小为

$$r_{be} = 300 + (1 + \beta)\frac{26}{I_{EQ}}$$

式中,$I_{EQ} \approx I_{CQ}$,单位为 mA。

则图 2-14 所示电路的输入电阻为

$$r_i = R_b /\!/ r_{be} = \frac{R_b r_{be}}{R_b + r_{be}}$$

3. 输出电阻的估算

输出电阻是指从放大器的输出端看进去的交流等效电阻,用符号 r_o 表示。求输出电阻时,可以先作出放大器的交流等效电路,再求出输出端的交流等效电阻即可(注意:不包括负载)。

在图 2-13(a)的交流等效电路图如图 2-15 所示,输出电阻 r_o 等于电阻 R_c 与电阻 R_L 的并联值,即

$$r_o = R_c$$

4. 电压放大倍数的估算

放大器的电压放大倍数的定义为

$$A_u = \frac{U_o}{U_i}$$

对于图 2-13(a)所示的基本放大电路,经推导可得出其电压放大倍数为

$$A_u = -\beta \frac{r'_o}{r_{be}}$$

式中, r'_o 是放大器输出端的交流等效电阻, 它等于放大器的输出电阻与负载电阻的并联值, 即

$$r'_o = r_o \; /\!/ \; R_L = R_c \; /\!/ \; R_L$$

所以, 图 2-13(a)所示基本放大器的电压放大倍数为

$$A_u = -\beta \frac{R_c \; /\!/ \; R_L}{r_{be}}$$

 注意

　　电压放大倍数是一个负值, 它表示该放大电路的输出电压与输入电压是反相的。

 讲一讲

　　【例题 2-1】　在图 2-13(a)所示的基本放大电路中, 已知三极管的 $\beta = 50$, 电源电压 $E_C = 6 \text{ V}$, $R_b = 150 \text{ k}\Omega$, $R_c = 2 \text{ k}\Omega$, $R_L = 3 \text{ k}\Omega$。试求:

　(1)电路的静态工作点;

　(2)电路的输入电阻;

　(3)电路的输出电阻;

　(4)电路的电压放大倍数。

解:(1)电路的静态工作点为

$$I_{BQ} = \frac{E_C}{R_b} = \frac{6 \text{ V}}{150 \text{ k}\Omega} = 40 \text{ }\mu\text{A}$$

$$I_{CQ} = \beta I_{BQ} = 50 \times 40 \text{ }\mu\text{A} = 2 \text{ mA}$$

$$U_{CEQ} = E_C - I_{CQ} R_c = 6 \text{ V} - 2 \text{ mA} \times 2 \text{ k}\Omega = 2 \text{ V}$$

(2) $r_{be} = 300 \text{ }\Omega + (1+\beta) \dfrac{26}{I_{EQ}} = \left(300 + (1+50)\dfrac{26}{2} \right) \Omega = 963 \text{ }\Omega$

放大器的输入电阻为

$$r_i = R_b /\!/ r_{be} = \frac{R_b r_{be}}{R_b + r_{be}} = \frac{100 \text{ k}\Omega \times 963 \text{ }\Omega}{100 \text{ k}\Omega + 963 \text{ }\Omega} \approx 954 \text{ }\Omega$$

(3)放大器的输出电阻为

$$r_o = R_c = 2 \text{ k}\Omega$$

(4)放大器的电压放大倍数为

$$A_u = -\beta \frac{r'_o}{r_{be}} = -50 \times \frac{1.2 \text{ k}\Omega}{963 \text{ }\Omega} \approx -62$$

在图2-13（a）中，已知三极管 $\beta = 50$，电源电压 $E_C = 10$ V，$R_b = 200$ kΩ，$R_c = 2$ kΩ，$R_L = 2$ kΩ。试求：

(1)电路的静态工作点；

(2)电路的输入电阻；

(3)电路的输出电阻；

(4)电路的电压放大倍数。

第四节　放大器静态工作点的稳定

前面讲的基本放大电路是通过基极电阻 R_b 来为三极管提供静态基极电流 I_{BQ}，如果 R_b 是固定的，则 I_{BQ} 也是固定的，所以这种放大电路称为固定偏置放大电路。固定偏置放大电路的结构很简单，但是在实际应用很少，这是为什么呢？

一、温度对放大器静态工作点的影响

我们来做一个实验，从而探索温度对固定偏置放大电路静态工作点的影响。

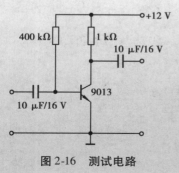

图2-16　测试电路

1.实验器材准备

万用表1只，电吹风1只，连接好如图2-16所示的测试电路（三极管 β 值为 100 左右）。

2.实验过程

分别用万用表去测量放大器的各个静态工作点参数，在常温下记录下数据；然后用电吹风对三极管进行加热，观察放大器的静态工作点的变化情况，将实验过程记录入表2-11中。

表 2-11　温度对放大器静态工作点的影响实验记录

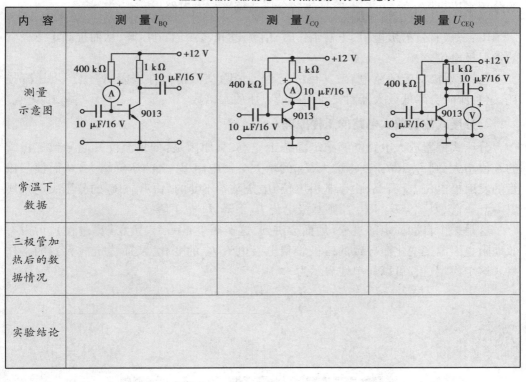

内　容	测　量 I_{BQ}	测　量 I_{CQ}	测　量 U_{CEQ}
测量 示意图			
常温下 数据			
三极管加 热后的数 据情况			
实验结论			

　　通过上述实验我们知道,当温度变化时,固定偏放大电路的静态工作点会发生明显的变化,说明固定偏置放大电路的工作稳定性较差,它的实用性不强。在实际使用中,一般都采用能够稳定静态工作点的电路——分压式偏置放大电路。

二、分压式偏置放大电路

　　分压式偏置放大电路是在固定偏置放大电路的基础上,加入稳定工作点的改进措施后得到的。

1. 分压式偏置放大电路的结构和元件作用

　　分压式偏置放大电路如图 2-17 所示。它实质上是在固定偏置放大电路中加入了 3 个元件:R_{b2}、R_e、C_e。各元件的作用为:

　　R_{b1}、R_{b2}:构成三极管基极的分压式偏置电阻。由于 $I_1 \approx I_2 \gg I_{BQ}$(通过 R_{b1}、R_{b2}、R_e 的阻值选择来保证),所以三极管的基极电位 U_B 基本上由 R_{b1} 和 R_{b2}

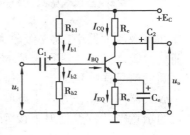

图 2-17　分压式偏置放大电路

的分压来决定$\left(U_B = \dfrac{R_{b1}}{R_{b1} + R_{b2}} E_C \right)$，故名分压式偏置放大电路。

R_e：三极管发射极电阻，正常工作时，I_{EQ}流过R_e会产生电压降，从而提高了三极管的发射极电位。

C_e：发射极交流旁路电容，其目的是为了消除交流信号在电阻R_e上产生压降损耗，这种压降会降低放大器对交流信号的电压放大倍数。

2. 分压式偏置放大电路的工作原理

分压式偏置放大电路能够稳定静态工作点，其原因是：如果温度升高导致三极管的β值增大，则I_{CQ}和I_{EQ}也将增大，I_{EQ}的增大会使电阻R_e上的压降增大，从而使三极管的发射极电位U_E升高，由于基极电位U_B是基本不变的（由R_{b1}、R_{b2}的分压决定），所以U_{BEQ}下降（$U_{BEQ} = U_B - U_E$），则基极电流I_{BQ}下降，I_{CQ}也下降。

这是一个自动稳定的过程（后面会讲到，这实质上是一个"负反馈"过程），可以有效地阻止因温度变化而导致的三极管集电极电流I_{CQ}的变化，从而稳定放大器的工作点。这个稳定过程可以简单地表示为

$$温度 \uparrow \rightarrow \beta \uparrow \rightarrow I_{BQ} \uparrow \rightarrow I_{CQ} \uparrow \rightarrow I_{EQ} \uparrow \rightarrow U_E \uparrow \rightarrow U_{BEQ} \downarrow \rightarrow I_{BQ} \downarrow$$
$$I_{CQ} \downarrow \longleftarrow$$

* 第五节　多级放大电路

在实际应用中，要把微弱的电信号放大到需要的幅度，只用一级放大电路往往是不够的，常常需要使用多级放大器。多级放大器是由多个单级放大器组成的，它们之间又该怎样进行连接呢？

一、多级放大器的级间耦合

在多级放大器中，前一级放大器的输出信号需要送到后一级放大器的输入端，所以前后两级之间需要进行合适的连接以保证信号的顺利传输。我们把这种两级放大器之间的信号连接称为信号耦合，简称耦合。

放大器间的耦合方式主要有 3 种：阻容耦合、变压器耦合、直接耦合。这 3 种耦合方式的示意图及特点见表 2-12 所示。

表 2-12　放大器间的 3 种耦合方式

耦合方式	电路示意图	说　明	特　点
阻容耦合	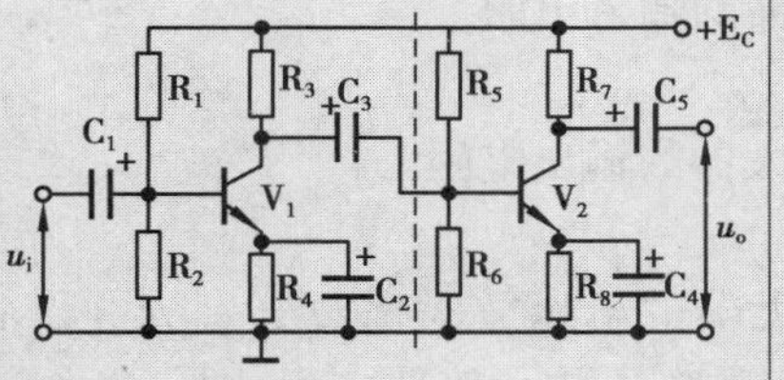	利用电容器的隔直通交作用来耦合信号，C_3 是耦合电容	优点： ①电路简单,应用广泛； ②各级放大器的直流互相独立,使电路设计、调试和维修更方便 缺点： ①只能耦合交流信号； ②信号频率越低,需要耦合电容的容量越大； ③不便于集成 这种耦合方式只能传输交流信号,在分立电路中广泛应用
变压器耦合	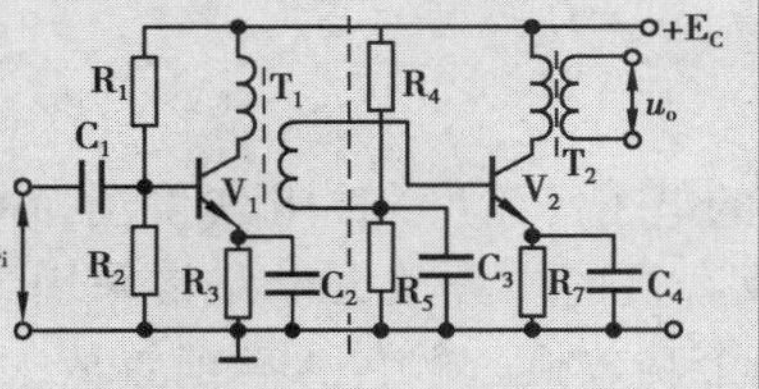	利用变压器进行信号耦合,图中的 T_1、T_2 为耦合变压器	优点： ①各级放大器的直流互相独立,使电路设计、调试和维修更方便； ②利用变压器的阻抗变换作用,能够实现级间的阻抗变换 缺点： 笨重、成本高,不能集成,所以应用很少
直接耦合	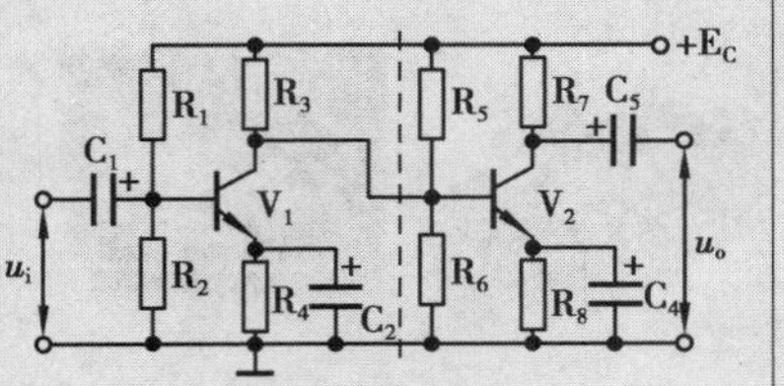	直接将前级的输出端接到后一极的输入端	优点： ①传输过程无能量损耗； ②可以放大变化缓慢的信号和直流信号 缺点： 前后级直流工作点互相影响,给设计、调试和维修带来困难

二、放大器的幅频特性

放大器所放大信号的幅度与频率有一定的关系,这种关系称为放大器的幅频特性。放大器幅频特性常用通频带(前面讲过)来反映。由于每个放大器都具有一定的通频带,在多级放大器中,要求被放大的信号要在每一级放大器的通频带内。所以,多级放大器的总通频带受每一个放大器通频带的制约,放大器的级数越多,总通频带就越窄。

在实际的多级放大器中,要求每一级放大器都要有较宽的通频带。

三、多级放大器的主要参数和应用

1. 多级放大器的参数

（1）输入电阻

多级放大器的输入电阻等于第一级放大器的输入电阻。

（2）输出电阻

多级放大器的输出电阻等于最后一级放大器的输出电阻。

（3）电压放大倍数

在多级放大器中，如果由前到后各级放大器的电压放大倍数分别为 A_{u1}，A_{u2}，…，A_{un}，则该多级放大器的总电压放大倍数为各级的电压放大倍数之积，即

$$A_u = A_{u1} \cdot A_{u2} \cdot \cdots \cdot A_{un}$$

当电压放大倍数用增益表示时，多级放大器的总增益等于各级增益之和，即

$$G_u = G_{u1} + G_{u2} + \cdots + G_{un}$$

2. 多级放大器的应用

单级放大器的放大作用是有限的，在实际的电子产品（图 2-18 实例图）中，往往包含有多级放大器，甚至是多种放大器。比如收音机的中频放大电路常采用 3 级放大器；电视机的中频放大电路一般为 3 ~ 4 级，一个功放机一般包含有前置放大器、推动放大器、功率放大器等多级放大电路。

图 2-18　电子产品实例

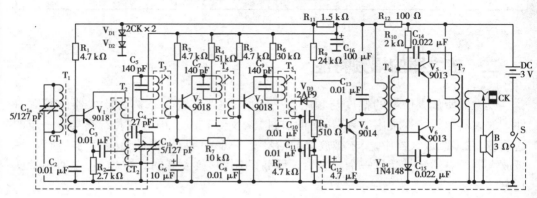

图 2-19　调幅收音机电路实例

图 2-19 所示为一个调幅收音机电路,电路中采用了 6 只三极管,构成 5 级放大器。第一级(V_1)与第二级(V_2)之间采用变压器耦合(T_3),第二级(V_2)与第三级(V_3)之间也采用变压器耦合(T_4),第三级(V_3)的输出仍然为变压器耦合(T_5)。第四级的输入采用阻容耦合(C_{12}),第四级(V_4)与第五级(V_5、V_6)之间采用变压器耦合(T_6),第五级的输出也采用变压器耦合(T_7)。

实训 二　分压式偏置放大电路的组装和静态工作点的调试

一、实训目的

(1)熟悉分压式偏置放大电路的结构和元件参数;

(2)学会安装分压式偏置放大电路;

(3)学会检测放大器的静态工作点,并会对分压式偏置放大电路的静态工作点进行合理的调试。

二、实训电路

实训电路如图 2-20 所示,在放大器基极的上偏置电阻上接了一个可调电阻 R_P,用以调节放大器的静态工作点。

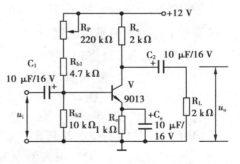

图 2-20　分压式偏置实训电路

三、实训器材

直流稳压电源 1 个(也可由实训台上的电源提供),交流信号源 1 台,示波器 1 台,万用表 1 块,焊接工具 1 套(含电烙铁、烙铁架、焊锡、松香等),尖嘴钳、断线钳、镊子各 1 把,40 mm×40 mm 电路板(PCB 板)1 块(见图 2-21,也可以由学生用敷铜板自己刻制),连接导线若干,实验用电子元件 1 套(图 2-20),见表 2-13 所示。

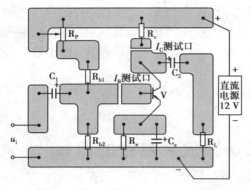

图 2-21　分压式偏置放大电路实训电路板

表 2-13　实验电路元件清单

种　类	标　号	参　数
三极管	V	9013
电阻	R_{b1}	4.7 kΩ
	R_{b2}	10 kΩ
	R_c	2 kΩ
	R_e	1 kΩ
	R_L	2 kΩ
可调电阻	R_P	220 kΩ
电容	C_1	10 μF/16 V
	C_2	10 μF/16 V
	C_e	10 μF/16 V

四、实训步骤

1. 实训电路板的安装

（1）根据表 2-13，识别和清点好元件，保证元件无欠缺、参数无错误（若用替代元件，请注明原因和参数，并做好记录）；

（2）按图 2-21 所示安装、焊接好电路元件。

2. 静态工作点的调试与测量

（1）连接好 I_B 测试口和 I_C 测试口；

（2）连接好直流电源，将 R_P 大致调到中间位置，然后打开电源开关；

（3）用万用表测量三极管的 c、e 极电压 U_{CE}（注意红表笔接 c，黑表笔接 e），同时调节可调电阻 R_P 的阻值，保证 U_{CE} 为电源电压的一半（6 V）左右（并将其具体数值记录在表 2-14 中），则静态工作点就调节正常了；

（4）断开 I_B 测试口，用万用表测量基极电流 I_B 的大小（注意红笔接左，黑笔接右），并将其记录在表 2-14 中，然后连接好 I_B 测试口；

（5）断开 I_C 测试口，用万用表测量集电极电流 I_C 的大小（注意红笔接上，黑笔接下），并将其记录在表 2-14 中，然后连接好 I_C 测试口。

表 2-14　实验数据记录

静态工作点	I_B	I_C	U_{CE}
数　据			

3. 静态工作点的验证

将交流信号源连接到放大器的输入端（u_i 处），给放大器输入正弦交流测试信号，使放大器处于正常的信号放大状态,并将示波器接在放大器的输出端(u_o处),观察输出信号波形。

当输入较小的信号时,放大器能够对信号进行正常的放大,输出为放大的、完整的正弦交流信号波形。调节交流信号源,使放大器的输入信号幅度逐渐增大,同时观察示波器上输出电压的波形。当信号增大到一定值时,输出电压波形开始出现失真。

(1)如果输出电压波形的正负半周同时开始产生削顶失真,如图2-22(a)所示,说明放大器的静态工作点设置正好。

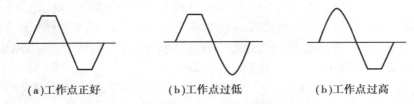

(a)工作点正好　　　　(b)工作点过低　　　　(b)工作点过高

图2-22　静态工作点的验证

(2)如果输出电压波形的正半周先开始出现削顶失真,如图2-22(b)所示,这是产生了截止失真,说明放大器的静态工作点设置过低。解决办法是:调节可调电阻 R_P 的阻值使其适当减小,使 I_B、I_C 增大,U_{CE} 减小。

(3)如果输出电压波形的负半周先开始出现削顶失真,如图2-22(c)所示,这是产生了饱和失真,说明放大器的静态工作点设置过高。解决办法是:调节可调电阻 R_P 的阻值使其适当增大,使 I_B、I_C 减小,U_{CE} 增大。

4.实训结束

实训结束收拾好实训器材,整理好实训工具,清理好实训桌。

学习小结

(1)三极管由3个区、2个PN结、3个引出脚构成。三极管分为NPN型和PNP型两大类。

(2)三极管正常工作时3个电极的电流关系为

$$I_E = I_C + I_B$$

三极管具有电流放大作用,它的集电极电流 I_C 与基极电流 I_B 之间成 β 倍关系,即

$$I_C = \beta I_B$$

(3)三极管的放大条件是:发射结正偏,集电结反偏。对 NPN 管要求3个电极的电压关系为:$U_C > U_B > U_E$;对 PNP 管要求3个电极的电压关系为:$U_E > U_B > U_C$。

(4)三极管的输入特性曲线是指当 U_{CE} 一定时,基极电流 I_B 与发射结电压 U_{BE} 之间

的关系曲线；三极管的输出特性曲线是指当 I_B 一定时，集电极电流 I_C 与管压降 U_{CE} 之间的关系曲线。

（5）三极管的主要参数包括：电流放大倍数 β、穿透电流 I_{CEO}、反向击穿电压 U_{CEO}、集电极最大允许电流 I_{CM}、最大耗散功率 P_{CM} 等。

（6）三极管的检测包括管型、引脚判断，性能判别和 β 值大小估测等。

（7）构成放大电路的条件：一个完整的放大电路必须具有放大元件，同时还须满足直流条件和交流条件。

（8）根据输入输出共用端的不同，三极管放大器可分为共射、共集、共基 3 种。

（9）放大器的直流通路是指直流等效电路，其画法为：将电路中的电容开路，电感短路，其余元件保留；放大器的交流通路指交流等效电路，其画法为：将电路中的电容和电源视为短路，电感视为开路，其余元件保留。

（10）放大器的性能优劣可以通过性能指标来反映，放大器的主要性能指标有：电压放大倍数（A_u）、输入电阻（r_i）、输出电阻（r_o）、通频带（f_{BW}）等。

（11）放大器的静态工作点是指：U_{BEQ}、I_{BQ}、I_{CQ}、U_{CEQ} 等几个参数。放大器的静态工作点要设置合适，如果设置太高，放大器易产生饱和失真；设置过低，易产生截止失真。

（12）对于固定偏置放大电路，其静态工作点可以通过以下几个公式进行估算：

$$\begin{cases} I_{BQ} = \dfrac{E_C - U_{BEQ}}{R_b} \approx \dfrac{E_C}{R_c} \\ I_{CQ} = \beta I_{BQ} \\ U_{CEQ} = E_C - I_{CQ}R_c \end{cases}$$

（13）固定偏置放大电路的工作稳定性较差，在实际使用中，为了能够稳定静态工作点，一般采用分压式偏置放大电路。

（14）采用多级放大器可以提高电路的电压放大倍数，多级放大器的级间耦合方式有 3 种：阻容耦合、变压器耦合、直接耦合。

学习评价

1. 填空题

（1）晶体三极管由_____个区、_____个 PN 结、_____个引出脚构成，根据极性的不同，晶体三极管分为_____型和_____型两大类。

（2）几个三极管的实物如图 2-23 所示，请在图中填写出各三极管的引脚名。

（3）对于 NPN 型三极管，其基极电流是流_____（填"进"或"出"）三极管，对于 PNP 型三极管，其集电极电流是流_____（填"进"或"出"）三极管。

（4）已知三极管的集电极电流为 2 mA，基极电流为 0.05 mA，则三极管的集电极电流为_____，电流放大倍数 β 为_____。如果某三极管的基极电流为 20 μA，发射极电流为 1 mA，则三极管的集电极电流为_____，电流放大倍数 β

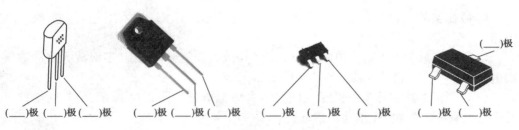

图 2-23

为_____。

(5)用指针式万用表测量判断三极管的好坏和引脚时,一般选用的挡位是_____。

(6)用指针式万用表测量判断三极管的引脚时(三极管是好的),如果黑表笔接某引脚不动,红表笔分别接另两引脚时阻值均较小,则三极管的管型为_____,黑表笔所接的引脚为_____极;如果红表笔接某引脚不动,黑表笔分别接另两引脚时阻值均较小,则三极管的管型为_____,红表笔所接的引脚为_____极。

(7)一个完整的放大电路必须具有_____元件,同时还须满足_____和_____条件。

(8)在放大电路中,根据输入和输出对三极管共用端的不同,三极管放大电路可分为 3 种,它们是:_____放大电路、_____放大电路和_____放大电路。

(9)在表 2-15 中填写出 3 种放大电路的参数特点:

表 2-15　3 种放大器的参数

种　类	电压放大倍数	输出输入电压的相位关系	输入电阻	输出电阻
共射电路				
共集电路				
共基电路				

(10)某放大器的输入信号电压为 20 mV,输出信号电压为 2 V,此放大器的电压放大倍数为_____,此放大器的电压增益为_____。

(11)当频率变化使放大器的放大倍数下降到正常值的_____倍时,所对应的高端频率 f_H 与低端频率 f_L 之差,称为通频带 f_{BW}。

(12)放大器_____时的状态称为静态,放大器的静态工作点通常是指放大器的几个参数,分别是:_____、_____、_____、_____。在计算放大器的静态工作点时,一般只计算其中 3 个参数,参数_____一般不用计算。

(13)当放大器的三极管进入_____区而导致的失真称为截止失真,当放大器的三极管进入_____区而导致的失真称为饱和失真。

（14）在实际应用中,为了稳定放大电路的静态工作点,常采用_____放大电路。

（15）多级放大器的输入电阻为_____级放大器的输入电阻,多级放大器的输出电阻为_____级放大器的输出电阻。

（16）测得电路中几个三极管（硅管）的各电极电位如图 2-24 所示,请判断出这几个三极管的工作状态（填写在图下）。

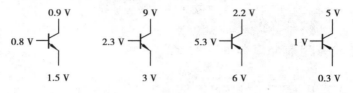

图 2-24

（17）一个多级放大器由 3 级放大器组成,每一级放大器的电压放大倍数都为 10倍,则这个多级放大器的总电压放大倍数为_____,这个多级放大器的总增益为_____。

2. 判断题

（1）三极管的结构特点为:基区掺杂浓度大,发射区掺杂浓度小。　　　　（　　）

（2）在 90 系列三极管中,9013 是 NPN 管,9015 是 PNP 管。　　　　（　　）

（3）三极管的发射极电流等于集电极电流与基极电流之和。　　　　（　　）

（4）三极管的发射极电流是基极电流的 β 倍。　　　　（　　）

（5）当外界温度变化时,三极管的电流放大倍数 β 也会发生变化,温度升高,β值增大。　　　　（　　）

（6）放大器的输入电阻越小越好,输出电阻越大越好。　　　　（　　）

（7）固定偏置放大电路的工作稳定性较差,实用性不强。　　　　（　　）

（8）多级放大器的总通频带比其中任何一级放大器的通频带都窄。　　　　（　　）

3. 选择题

（1）为了使放大器具有较强的带负载能力,一般选用（　　）。

　　A. 共射放大器　　　　　　B. 共集放大器　　　　　　C. 共基放大器

（2）在共射放大器中,如图 2-25 所示,产生饱和失真的波形为（　　）。

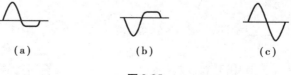

（a）　　　　　　　（b）　　　　　　　（c）

图 2-25

4. 作图题

（1）某三极管的输出特性曲线如图 2-26 所示，请在图中大致标出截止区、放大区、饱和区、过损耗区。

（2）电路如图 2-27 所示，请作出直流通路和交流通路。

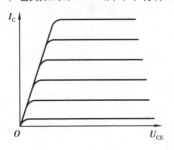

图 2-26

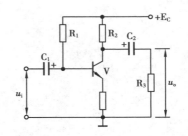

图 2-27

（3）电路如图 2-28 所示，请作出直流通路和交流通路。

5. 简答题

（1）三极管放大的外部电压条件是什么？对于 NPN 管和 PNP 管，3 个电极的电压条件分别是怎样的？

（2）什么叫三极管的输入特性曲线？什么叫三极管的输出特性曲线？

（3）选用三极管时，要考虑的主要参数有哪些？

（4）放大器的直流通路的画法是怎样的？放大器的交流通路的画法又是怎样的？

（5）多级放大器间有哪几种耦合方式，各有什么特点？

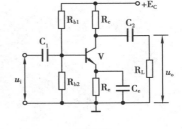

图 2-28

6. 综合题

（1）放大电路如图 2-27 所示，已知 $R_1 = 300\ \text{k}\Omega$，$R_2 = 3\ \text{k}\Omega$，$R_3 = 2\ \text{k}\Omega$，三极管的电流放大倍数 $\beta = 50$，电源 $E_C = 10\ \text{V}$。求：

①放大器的静态工作点；

②输入电阻；

③输出电阻；

④放大器的电压放大倍数。

（2）电路如图 2-28 所示，

①这是一个_____电路。

②电路中，R_e、C_e 各有什么作用？

③当环境温度下降时，试分析电路的工作点稳定过程。

第三章

常用放大器

1. 知识目标

（1）能识别运放的外形，会作运放电路符号，知道运放的结构；

（2）知道运放的主要参数及特性；

（3）能够分析集成运放构成的常用电路；

（4）知道反馈的概念，学会反馈的判断方法；

（5）会简要分析常见功率放大器；

（6）知道场效应管的种类；

（7）知道谐振放大电路的结构，能够分析谐振电路工作原理，学会谐振电路应用。

2. 能力目标

（1）能组建典型运放电路，并测试计算其参数；

（2）能构建简单的反馈电路，并能分析电路要点；

（3）能根据原理图组建低频功率放大电路；

（4）能判断场效应管的类别、引脚及好坏。

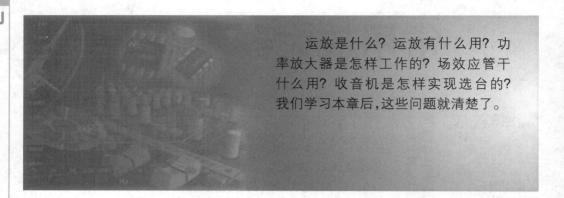

运放是什么? 运放有什么用? 功率放大器是怎样工作的? 场效应管干什么用? 收音机是怎样实现选台的? 我们学习本章后,这些问题就清楚了。

第一节　集成运算放大器

　　将电路中的元器件和连线制作在同一硅片上,制成了集成电路。运算放大器实质上是应用集成电路工艺制成的具有高放大倍数的直接耦合放大电路,简称集成运放。它常用于对各种模拟信号进行运算和放大,例如比例运算、微分运算、积分运算等。由于它的高性能、低价位,在模拟信号处理和发生电路中几乎完全取代了分立元件放大电路。图 3-1、图 3-2 分别是几种常用集成运放的外形和实物电路。

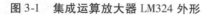

图 3-1　集成运算放大器 LM324 外形　　　　　图 3-2　运放实物电路板

一、集成运算放大器的结构

1. 集成运放的结构

集成运放一般由输入级、中间级、输出级和偏置电路 4 部分组成,如图 3-3 所示。各组成部分的构成、作用和特点见表 3-1 所示。

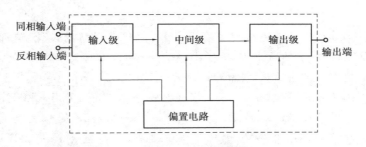

图 3-3　集成运放结构框图

表 3-1　集成运放各部分的构成、作用和特点

部　分	构　成	作用和特点
输入级	由双端输入的差动放大电路构成	一般要求输入电阻高,差模放大倍数大,抑制共模信号的能力强,静态电流小。输入级的好坏直接影响运放的输入电阻、共模抑制比等参数
中间级	是一个高放大倍数的放大器,常由多级共射放大电路组成	主要对输入信号起放大作用,该级的放大倍数很大(可达几万倍以上),所以后面我们在分析运放电路时,可以近似认为它的放大倍数为∞
输出级	常用互补对称功放作输出电路(功放电路将在本章的第二节介绍)	具有输出电压线性范围宽、输出电阻小的特点
偏置电路	一般由恒流源(电流源)电路组成	向各级提供稳定的静态工作点

集成运放的发展概况

集成运放自 20 世纪 60 年代问世以来,得到飞速发展,目前已经历了 4 代产品。

第一代产品基本沿用了分立元件放大电路的设计思想,采用集成数字电路的制造工艺,利用少量横向 PNP 管,构成以电流源作偏置电路的 3 级直接耦合放大电路。但是,它各方面性能都远远优于分立元件电路,满足了一般应用的要求。典型产品有 A709、F003、5G23 等。

第二代产品普遍采用了有源负载,简化了电路的设计,使开环增益有了明显的提高,各方面性能指标比较均衡,因此属于通用型运放,应用非常广泛。典型产品有 A741、LM324、F007、F324、5G24 等。

第三代产品的输入级采用了超 β 管,β 值高达 1 000~5 000 倍,而且设计上考虑了热效应的影响,从而减小了输入失调电压、输入失调电流以及温漂的影响,增大了共模抑制比和输入电阻。典型产品有 AD508、MC1556、F1556、F030 等。

第四代产品采用了斩波稳零和动态稳零技术,一般情况下不需调零就能正常工作,使集成运放的各项性能指标参数更加理想化,大大提高了精度。典型产品有 HA2900、SN62088、5G7650 等。

目前,除有不同增益的各种通用型运放外,还有品种繁多的特殊型运放,以满足各种特殊要求。

2. 零点漂移的抑制

零点漂移是指当放大电路输入信号为零时,由于受温度变化、电源电压不稳等因素的影响,使静态工作点发生变化,并被逐级放大和传输,导致电路输出信号不为零而上下漂动的现象,简称"零漂"。由于运算放大器均采用直接耦合的方式,因此第一级的微弱变化,就会使输出级产生很大的变化。

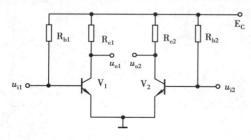

图 3-4　基本差动放大电路

解决零漂最有效的措施是采用差动放大电路。差动放大电路是由两个对称的放大电路组合构成,也称"差分放大电路"。基本差动放大电路如图3-4所示。

图中,$R_{b1} = R_{b2}$,$R_{c1} = R_{c2}$,三极管 V_1 与 V_2 的参数基本一致。信号由两管的基极输入,从两管的集电极输出,输出电压为 $u_o = u_{o1} - u_{o2}$。当输入信号为零时,由于电路对称,$i_{c1} = i_{c2}$,$u_{o1} = u_{o2}$,所以 $u_o = u_{o1} - u_{o2} = 0$。当温度变化或电源波动时,导致 i_{c1}、i_{c2} 发生变化,但由于电路是对称的,所以 $\Delta i_{c1} = \Delta i_{c2}$,使 V_1、V_2 的集电极电位的变化量也相等,即 $\Delta u_{o1} = \Delta u_{o2}$,则输出电压的变化量为 $\Delta u_o = \Delta u_{o1} - \Delta u_{o2} = 0$。

上述分析说明:当温度发生变化时,差动放大器的输出电压不会变化,从而有效地抑制了"零漂"。

3. 差模信号、共模信号和共模抑制比

共模信号是指在两个输入端加上的幅度相等、极性相同的信号,如图 3-5(a)所示。各种干扰信号往往表现为共模信号。

差模信号是指在两个输入端加上幅度相等,极性相反的信号,如图 3-5(b)所示。

各种有用信号往往表现为差模信号进行放大处理。

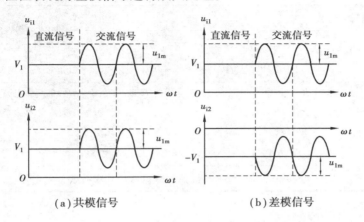

(a)共模信号　　　　　　　　(b)差模信号

图 3-5　共模信号和差模信号示意图

共模抑制比是指放大器对差模信号的电压放大倍数 A_{ud} 与对共模信号的电压放大倍数 A_{uc} 之比,用 K_{CMR} 表示,即

$$K_{CMR} = A_{ud}/A_{uc}$$

差模信号电压放大倍数 A_{ud} 越大,共模信号电压放大倍数 A_{uc} 越小,则 K_{CMR} 越大。此时差分放大电路抑制共模信号的能力越强,放大器的性能越好。当差动放大电路完全对称时,共模信号电压放大倍数 $A_{uc} = 0$,则共模抑制比 $K_{CMR} \to \infty$,这是理想情况,实际上这种电路是不存在的,共模抑制比也不可能无穷大。电路对称性越差,共模抑制比就越小,抑制共模信号(干扰)的能力也就越差。

二、集成运放的符号、参数和特点

1. 集成运放的符号

集成运放的符号如图 3-6 所示。

运算放大器的符号中有 3 个引线端:两个输入端和一个输出端。一个输入端称为同相输入端,在该端输入信号与输出信号的极性相同,用符号" + "或"P"表示;另一个输入端称为反相输入端,在该端输入信号与输出信号的极性相异,用符号" – "或"N"表示。输出端一

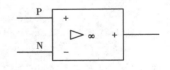

图 3-6　集成运算放大器的符号

般画在输入端的另一侧,在符号边框内标有" + "号。实际运算放大器还必须有正、负电源端,一般还有补偿端和调零端,在实际使用中必须要进行正确的连接。但在简化符号中,电源端、调零端等都不画。

2. 集成运放的主要参数

集成运放的参数很多,常见参数见表 3-2,在使用中可查阅相关的集成电路手册或其他资料。

表 3-2　集成运放的主要参数

参数名称	定　义	理想值
开环差模电压放大倍数 A_{ud}	指集成运放在开环情况下的空载电压放大倍数，即 $A_{ud} = \Delta u_o / (\Delta u_P - \Delta u_N)$	无穷大
共模抑制比 K_{CMR}	K_{CMR} 是集成运放的开环差模电压放大倍数和开环共模电压放大倍数之比，即 $K_{CMR} = A_{ud}/A_{uc}$。它是衡量输入级差动放大器对称程度以及表征集成运放抑制共模干扰信号能力的参数	无穷大
差模输入电阻 r_{id}	r_{id} 是差模信号输入时，输入电压与输入电流之比	无穷大
开环输出电阻 r_o	r_o 指不外接反馈电路时运放输出端的对地电阻	0

3. 分析运放电路的两个重要依据

（1）虚短

在运放在应用中，都接成负反馈放大器（负反馈将在接下来介绍），使集成运放工作在线性区，输出电压应与输入差模电压成线性关系，即 $u_o = (u_P - u_N)A_{ud}$，由于 u_o 为有限值，且理想运放 $A_{ud} = \infty$，因而 $u_P - u_N = 0$，即

$$u_P = u_N$$

上式表明：运放两输入端的电位相等，由于它们并没有真正连接在一起，所以称为"虚短"。

（2）虚断

因为理想运放 $r_{id} = \infty$，而输入电压总为有限值，所以两个输入端的电流均为零，即

$$i_P = i_N = 0$$

上式表明：运放两输入端电流均为零，相当于开路，但实际上并未真正开路，所以称"虚断"。

利用"虚短"和"虚断"，可以很方便地分析由运算放大器构成的各种应用电路。

三、反馈

实际使用集成运放或其他放大电路时，总要引入反馈，以改善放大电路的性能，因此掌握反馈的基本概念和反馈类型的判断方法是研究集成运放电路和其他放大电路

的基础。

1. 反馈的概念

在放大电路中,将输出量的一部分或全部通过一定的电路形式馈送回输入端,与输入信号叠加后送入放大器,称为反馈。反馈放大电路的框图如图3-7所示。

图 3-7　反馈放大电路框图

2. 反馈的种类

(1)正反馈和负反馈

根据反馈信号对输入信号的影响,可以分为正反馈和负反馈。若反馈信号使净输入信号增加,则是正反馈;若反馈信号使净输入信号减少,则是负反馈。正反馈常用于振荡电路中,用以产生交流信号;负反馈常用于放大器中,用以改善放大器的性能。

如何判断反馈是正反馈还是负反馈呢? 常用的方法是瞬时极性法。

首先假定输入信号在某一时刻的极性,然后逐级判断电路中各个相关点的电流流向与电压的极性,从而得到输出信号的极性,根据输出信号的极性判断出反馈信号的极性。若反馈回的信号和原来假定的极性相同,就是正反馈;若反馈回的信号极性和原假定极性相反,就是负反馈。

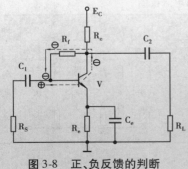

图 3-8　正、负反馈的判断

【例题3-1】 在图3-8中,判断反馈电阻 R_f 构成的是一个正反馈还是负反馈?

解:用瞬时极性法,假定输入电压瞬时极性为正,即三极管基极为正,则集电极为负,而通过 R_f 反馈回三极管基极为负。由于反馈回的信号极性和假定的信号极性相反,所以是负反馈。

注意

①对于由三极管构成的放大器而言,如果反馈信号是反馈到发射极,则与基极信号同极性时是负反馈,与基极信号反极性时是正反馈。

②在三极管放大器中,发射极电阻也是负反馈电阻,例如图3-8中,电阻 R_f 是一个负反馈电阻。

（2）并联反馈与串联反馈

根据放大器输入端与反馈网络的连接方式不同,分为并联反馈和串联反馈,见表3-3所示。

表3-3 并联反馈与串联反馈

种类	概　念	特　点	示意图		判断方法
并联反馈	反馈信号与输入信号并联的反馈	可减小放大器的输入电阻	u_i 放大电路 u_o 反馈网络		反馈元件直接接在信号输入线上
串联反馈	反馈信号与输入信号串联的反馈	可增大放大器的输入电阻	u_i 放大电路 u_o 反馈网络		反馈元件不直接接在信号输入线上

（3）电压反馈与电流反馈

根据反馈在输出端的取样点不同,可分为电流反馈和电压反馈,见表3-4所示。

表3-4 电压反馈与电流反馈

种类	概　念	特　点	示意图		判断方法
电压反馈	反馈信号大小正比于输出电压的反馈	减小输出电阻,稳定输出电压	u_i 放大电路 u_o 反馈网络		反馈信号直接取于输出线上

续表

种类	概　念	特　点	示意图	判断方法
电流反馈	反馈信号大小正比于输出电流的反馈	增大输出电阻，稳定输出电流	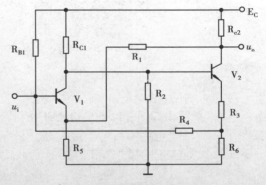	反馈信号不直接取于输出线上

【例题 3-2】　图 3-9 为两级直接耦合放大器，试在图中找出反馈元件并判断其反馈类型。

解：(1) 反馈元件

从图中可以看出 R_5 为第一级反馈元件；R_3、R_6 为第二级反馈元件；R_1、R_4 为级间反馈元件。

(2) 反馈类型

R_5：不与电压输出端直接相接，所以为电流反馈；又不与输入端直接相连，所以为串联反馈；R_5 是放大器的发射极电阻，为负反馈。归纳上述，R_5 为第一级放大器的电流串联负反馈。

图 3-9　两极直接耦合放大电路

R_3、R_6：为第二级放大器的电流串联负反馈（分析方法同 R_5）。

R_1：接电压输出端，所以为电压反馈；接 V_1 发射级，不直接与输入端相接，所以为串联反馈。用瞬时极性法，各点瞬时极性如图 3-10 所示，这是一个负反馈。归纳上述，R_1 为两级间的电压串联负反馈。

R_4：不接电压输出端，所以为电流反馈；接 V_1 输入端，所以为并联反馈；用瞬时极性法，各点瞬时极性如图 3-11 所示，这是一个负反馈。归纳上述，R_4 为两级间的电流并联负反馈。

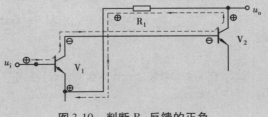

图 3-10　判断 R_1 反馈的正负

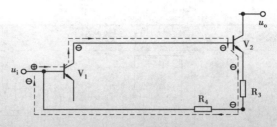

图 3-11　判断 R_4 反馈的正负

一般放大电路中不引入正反馈,正反馈主要应用在振荡电路中。因此在放大电路中主要讨论负反馈,若同时考虑反馈电路与输入、输出回路的连接方式,负反馈可归纳为 4 种类型,即电压并联负反馈、电流并联负反馈、电压串联负反馈和电流串联负反馈。

在图 3-12 中,找出反馈元件并判断其反馈的类型。

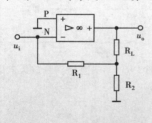

（a）

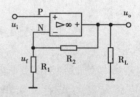

（b）

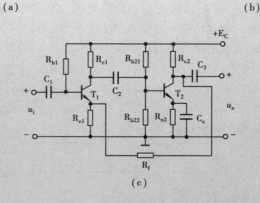

（c）

图 3-12　找反馈元件并判断类型

3. 负反馈对放大器性能的影响

电路中引入负反馈后,将改变放大器的工作状态,直接影响着放大器的性能,主要体现在以下几个方面:

①降低了放大倍数;

②提高了放大器的稳定性;

③减小非线性失真;

④展宽频带;

⑤改变输入输出电阻。

其中②③④⑤点对放大器的性能改善影响非常大,但它们都是以牺牲放大器的放大倍数(即第①点)为代价的。由于负反馈对放大器性能参数改善不明显,所以放大器中一般都引入了负反馈。

四、集成运放构成的常用放大器

1. 反相比例运算放大器

电路如图 3-13 所示,为了保证运放的输入端对称,在同相输入端与地之间接平衡电阻 R_2,且 $R_2 = R_1 // R_f$。

由于运放的同相端经电阻 R_2 接地,利用"虚断"的概念,该电阻上没有电流,所以没有电压降,即 $u_P = 0$。利用"虚短"的概念,同相端与反相端的电位相同,所以 $u_N = 0$,则有

$$i_1 = \frac{u_i - u_N}{R_1} = \frac{u_i}{R_1}$$

$$i_f = \frac{u_N - u_o}{R_f} = -\frac{u_o}{R_f}$$

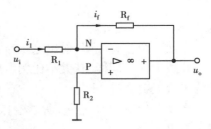

图 3-13 反相比例运算放大器电路

根据"虚断"得

$$i_1 = i_f$$

所以

$$\frac{u_i}{R_1} = -\frac{u_o}{R_f}$$

化简得

$$u_{\text{o}} = -\frac{R_{\text{f}}}{R_1}u_{\text{i}}$$

上式表明了电路的输出电压与输入电压的相位相反,大小成一定的比例,所以称为反相比例运算放大器。其大小比例由反馈电阻 R_{f} 和输入电阻 R_1 的比值决定,与运放的参数无关。

虽然集成运放有很高的输入电阻,但是由于采用了并联反馈,减小了输入电阻。

2. 同相比例运算放大器

同相比例运算电路见图 3-14,同样,要求电阻 $R_2 = R_1 // R_{\text{f}}$。

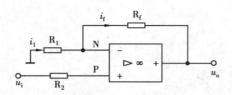

图 3-14 同相比例运算放大器电路

根据"虚短"得

$$i_1 = \frac{0 - u_{\text{N}}}{R_1} = \frac{-u_{\text{P}}}{R_1} = \frac{-u_{\text{i}}}{R_1}$$

$$i_{\text{f}} = \frac{u_{\text{N}} - u_{\text{o}}}{R_{\text{f}}} = \frac{u_{\text{i}} - u_{\text{o}}}{R_{\text{f}}}$$

根据"虚断"有

$$i_1 = i_{\text{f}}$$

化简变化可得

$$u_{\text{o}} = \left(1 + \frac{R_{\text{f}}}{R_1}\right)u_{\text{i}}$$

由于

$$1 + \frac{R_{\text{f}}}{R_1} = \frac{R_1 + R_{\text{f}}}{R_1} = \frac{1}{\dfrac{R_1}{R_1 + R_{\text{f}}}} = \frac{R_{\text{f}}}{\dfrac{R_1 R_{\text{f}}}{R_1 + R_{\text{f}}}} = \frac{R_{\text{f}}}{R_2}$$

所以

$$u_{\text{o}} = \frac{R_{\text{f}}}{R_2}u_{\text{i}}$$

上面两个公式表明,输出电压与输入电压同相,且其大小成比例,所以称为同相比例运算放大器。同样,其大小比例由反馈电阻 R_{f} 和输入端电阻 R_1(或 R_2)决定,与运放的参数无关。

由于是串联反馈电路,所以输入电阻很大,理想情况下 $R_{\text{i}} = \infty$。

在同相比例运算电路中,若将反馈电阻 R_{f} 和 R_1 电阻去掉,就得到图 3-15 所示的电路。

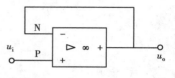

图 3-15 电压跟随器

该电路的输出全部反馈到输入端,是电压串联负反馈。由于 $u_{\text{o}} = u_{\text{i}}$,即输出电压的变化与输入电压相同,所以称为电压跟随器。

注意

在分析运算关系时,应该充分利用"虚断"、"虚短"的概念,列出关键节点的电流表达式,然后对所列表达式进行整理得到输出电压的表达式,从而得出电路的运算关系。

 练一练

(1)在图3-13中,已知输入电压为0.4 V,电阻$R_1=2$ kΩ,$R_f=8$ kΩ。求:①运放输入端平衡时R_2的取值;②输出信号的大小。

(2)在图3-14中,已知输出电压为3 V,电阻$R_1=4$ kΩ,$R_f=12$ kΩ。求:①运放输入端平衡时R_2的取值;②输入信号的大小。

3. 加法运算电路

反相加法运算电路如图 3-16 所示。

利用"虚短"和"虚断"得

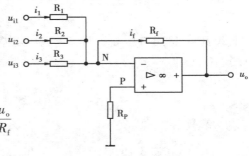

$$u_N = u_P = 0$$

所以 $i_1 = \dfrac{u_{i1}}{R_1}, i_2 = \dfrac{u_{i2}}{R_2}, i_3 = \dfrac{u_{i3}}{R_3}, i_f = -\dfrac{u_o}{R_f}$

根据"虚断"有

$$i_1 + i_2 + i_3 = i_f$$

图 3-16　加法运算电路

所以

$$\frac{u_{i1}}{R_1} + \frac{u_{i2}}{R_2} + \frac{u_{i3}}{R_3} = -\frac{u_o}{R_f}$$

即

$$u_o = -R_f\left(\frac{u_{i1}}{R_1} + \frac{u_{i2}}{R_2} + \frac{u_{i3}}{R_3}\right)$$

若取$R_1 = R_2 = R_3 = R_f = R$,则有

$$u_o = -(u_{i1} + u_{i2} + u_{i3})$$

上式表明,输出电压等于各输入端电压之和,输出与输入相位相反,电路完成了反相求和运算,所以称为反相加法运算电路。

4. 减法运算电路

利用差分输入方式实现减法运算的电路如图 3-17 所示,要求$R_1 = R_2, R_P = R_f$。

根据"虚断"有

$$\frac{u_{i1} - u_N}{R_1} = \frac{u_N - u_o}{R_f}$$

即

$$u_o = u_N - \frac{R_f}{R_1}u_{i1} + \frac{R_f}{R_1}u_N = \frac{R_1 + R_f}{R_1}u_N - \frac{R_f}{R_1}u_{i1}$$

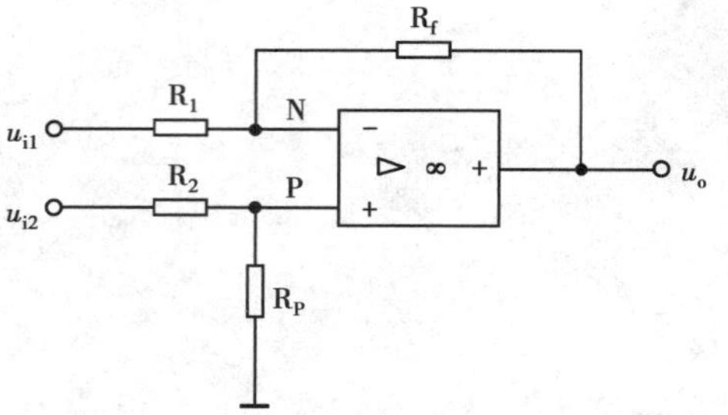

根据"虚短"和"虚断"有

$$u_N = u_P = \frac{R_P}{R_2 + R_P}u_{i2}$$

将 u_N 表达式代入 u_o 表达式得

图 3-17   减法运算电路

$$u_o = \frac{R_1 + R_f}{R_1} \cdot \frac{R_P}{R_2 + R_P}u_{i2} - \frac{R_f}{R_1}u_{i1}$$

由于 $R_1 = R_2$，$R_f = R_P$，所以 $R_1 + R_f = R_2 + R_P$，化简得

$$u_o = \frac{R_f}{R_1}(u_{i2} - u_{i1})$$

当 $R_1 = R_2 = R_f = R_P$ 时，则

$$u_o = u_{i2} - u_{i1}$$

上式表明，输出电压等于两输入电压之差，电路完成了减法运算，所以称为减法运算电路。

（1）在图 3-16 中，已知 $R_1 = 40\ \text{k}\Omega$，$R_2 = 20\ \text{k}\Omega$，$R_3 = 10\ \text{k}\Omega$，$R_f = 100\ \text{k}\Omega$，输入信号 $u_{i1} = -2\ \text{V}$，$u_{i2} = 1\ \text{V}$，$u_{i3} = 0.8\ \text{V}$，求 u_o。

（2）在图 3-17 中，已知 $R_1 = 10\ \text{k}\Omega$，$R_2 = 10\ \text{k}\Omega$，$R_P = 40\ \text{k}\Omega$，$R_f = 40\ \text{k}\Omega$，输入信号 $u_{i1} = 0.8\ \text{V}$，$u_{i2} = 1\ \text{V}$，求 u_o。

5. 电压比较器

电压比较器就是将一个连续变化的输入电压与参考电压进行比较，在二者幅度相等时，输出电压将产生跳变。电压比较器通常用于 A/D 转换、波形变换等场合。在电压比较器电路中，运算放大器通常工作于非线性区，为了提高正负电平的转换速度，应选择上升速率和增益带宽这两项指标高的运算放大器。目前已经有专用的集成比较器，使用更加方便。

（1）过零电压比较器

过零电压比较器电路如图 3-18（a）所示。同相端接 u_i，反相端 $u_N = 0$，所以输入电压是与零电压进行比较。

当 $u_i > 0$ 时，$u_o = +u_{oPP}$，输出为正饱和值；

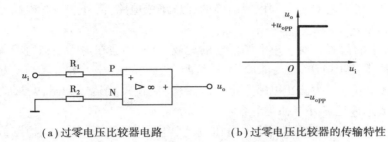

（a）过零电压比较器电路 　　　（b）过零电压比较器的传输特性

图 3-18　过零电压比较器

当 $u_i < 0$ 时，$u_o = -u_{oPP}$，输出为负饱和值。

该比较器的传输特性如图 3-18（b）所示。

过零电压比较器常用于检测正弦波的零点，当正弦波电压过零时，比较器输出发生跃变。

（2）任意电压比较器

任意电压比较器电路如图 3-19（a）所示。同相端接输入电压 u_i，反相端接比较电压 u_R，所以输入电压是同 u_R 电压进行比较。

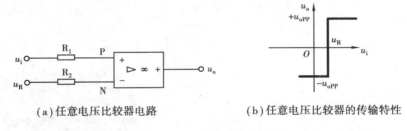

（a）任意电压比较器电路 　　　（b）任意电压比较器的传输特性

图 3-19　任意电压比较器

当 $u_i > u_R$ 时，$u_o = +u_{oPP}$，输出为正饱和值；

当 $u_i < u_R$ 时，$u_o = -u_{oPP}$，输出为负饱和值。

该比较器的传输特性如图 3-19（b）所示。

五、集成运算放大器的使用和选用

集成运算放大器的种类繁多，必须正确地选择和合理的应用，以满足使用要求，避免在调试和使用过程中造成损坏。

1. 集成运放的使用

在使用集成运放时，应注意以下几点：

（1）管脚辨认。认清管脚，以便正确连接。

（2）测量好坏和参数。用万用表的 R×100 Ω 或 R×1 kΩ 挡，对照集成电路手册测试其好坏，必要时还可采用相应设备测量运放的主要参数。

（3）调零。对于内部无自动稳零措施的运放集成电路,需外加调零电路,使之在零输入时输出为零。

（4）加合适的偏置。对于单电源供电的运放,有时还需在输入端加直流偏置电压,设置合适的静态输出电压,以便能放大正、负两个方向的信号。

（5）退耦和消振。为防止电路产生自激振荡,应在集成运放的电源端加上退耦电容。有的集成运放还需外接补偿电容。

（6）加保护措施。集成运放输入电压过高、电源极性接反、输出端短路或过载等,均可能使运放损坏,所以应采取一定的保护措施,见表3-5所示。

表3-5 集成运放的保护措施

保护措施	示意图	保护元件	作 用
双端输入保护		V_{D1}、V_{D2}	防止输入差模信号幅值过大
单端输入保护		V_{D1}、V_{D2}	防止输入共模信号幅值过大
输出保护		V_{D1}、V_{D2}	限流电阻 R 与稳压管 V_D 构成限幅电路,它一方面将负载与集成运放输出端隔离开,限制了运放的输出电流;另一方面也限制了输出电压的幅值
电源端保护		V_{D1}、V_{D2}	防止电源极性接反

2. 集成运放的选用

选择集成运放时,应根据要求尽量选择通用型运放,而且是市场上销售最多的品种,这样能降低成本,保证货源。只要满足要求就行,不选择特殊运放。同时需要查阅相关手册,确认各个管脚的功能,清楚运放的电源电压、输入电阻、输出电阻、输出电流等参数,以保证正确使用。

查一查

常见运放集成电路有哪些?你能找出 10 种以上不同型号的运放集成电路吗?

第二节 功率放大器

一、功率放大器的要求和分类

1. 功率放大器的应用

功率放大器简称功放,按被放大信号的频率不同,可分为低频功率放大电路和高频功率放大电路,本课程仅介绍低频功率放大电路。一个实用的放大器通常是一个多级放大器,功率放大电路往往处于最后一级,即输出级,如图 3-20 所示。功放电路的任务是对信号进行电压电流放大,以输出足够大功率的信号去驱动负载,如扬声器、继电器、仪表指针等。

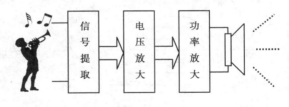

图 3-20 扩音系统

2. 对功率放大器的要求

从能量控制角度看,功率放大器是将电源的直流功率转换成信号的交流功率。由于功放的动态工作范围大,所以对功放电路有如下要求:

记一记

(1)输出功率足够大;

(2)效率尽可能高;

(3)非线性失真要小;

(4)散热良好,具有过热、过流、过压保护措施。

3. 功率放大器的分类

按照三极管工作状态的不同,常用功率放大电路可分为甲类、乙类、甲乙类等。各类功率放大电路的静态工作点、波形及特点见表3-6所示。

表3-6　各类功率放大电路的静态工作点、输出波形及特点

功放类型	静态工作的位置	输出波形	特　点
甲类			①静态工作点设置较高,在信号整个周期内功放管都导通; ②一个三极管可完成整个周期信号放大; ③失真小; ④效率低,最高效率只有50%
乙类			①功放管仅在半个信号周期工作,因此需要两个功放管分别放大信号的正、负半周; ②效率高,最高可达78.5%; ③信号在死区内得不到放大,会产生交越失真
甲乙类			①功放管导通时间大于半个信号周期,也需要两个功放管分别放大信号的正、负半周; ②可克服交越失真; ③效率较高,在50% ~78.5%

二、功率放大器电路

1. 乙类功放

如果只用单管作功放,NPN 型乙类单管功放只有正半周信号输出,PNP 型乙类单

管功放只有负半周信号输出。为了输出完整的信号,可以将 NPN 型管和 PNP 型管组合起来,构成双管互补对称乙类功放,如图 3-21(a)所示。

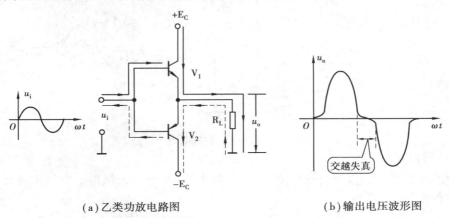

(a)乙类功放电路图   (b)输出电压波形图

图 3-21　双管互补对称乙类功放

　　该乙类功放由双电源(±E_C)供电,两只三极管的基极连接在一起作为信号的输入端。静态时,两管因零偏而截止,静态电流为零。由于两管特性对称,且两电源大小相等,极性相反,所以输出端的静态电压也为零。

　　当输入信号 u_i 正半周时,三极管 V_1 正偏导通,三极管 V_2 反偏截止,电流由 +E_C→V_1 的 c 极→V_1 的 e 极→R_L→地,形成电流回路,在 R_L 上得到输出信号 u_o 的正半周;当输入信号 u_i 负半周时,三极管 V_1 反偏截止,三极管 V_2 正偏导通,电流由地→R_L→V_2 的 e 极→V_2 的 c 极→ −E_C,形成电流回路,在 R_L 上得到输出信号 u_o 的负半周。这样,输入信号经 V_1、V_2 放大后,就在负载 R_L 上得到放大的正负半周输出信号 u_o,如图 3-21(b)所示。

　　由于两只三极管分别交替导通放大信号的正负半周,从而形成整个输出周期的信号,我们把这种工作方式的功放电路称为推挽功放,或者互补对称功放。

　　乙类功放的效率很高,可达 78.5%,但是,由乙类功放的输出电压波形可知,虽然电路对正负半周的信号都进行了放大输出,由于电路没有加偏置,在输入信号小于死区电压时,功放管不会导通,只有信号幅度大于死区电压时,才能得到正常的放大输出,所以在输出信号的过零点处会产生失真,称为交越失真,如图 3-21(b)所示。正因为如此,乙类功放不是真正实用的功放。

2. OCL 功率放大器

　　为了克服乙类功放交越失真的缺点,在乙类功放的基础上,给两只功放管加上较小的偏置,该偏置电压大致与死区电压相等,使功放管静态时工作在微导通状态,从而构成了真正实用的互补对称功放电路,即甲乙类功放。采用直接耦合输出的互补对称功放电路简称 OCL 功放,采用电容耦合输出的互补对称功放电路称为 OTL 功放。

　　OCL 功放电路如图 3-22 所示。

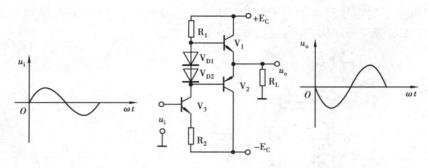

图 3-22　OCL 功放电路

（1）电路结构

OCL 电路采用直接耦合输出的方式，电路由正、负双电源供电。电路中各元件的名称和作用见表 3-7 所示。

表 3-7　OCL 功放电路中各元件的名称和作用

元件编号	元件名称	作　用
V_1、V_2	互补对称功放管	功放级的主要放大元件，接成射极输出的形式，输出电阻小，带负载能力强
V_3	推动管	构成推动放大电路，对信号进行放大，为功放管提供足够强的输入信号
R_L	负载电阻	功放级的负载，如扬声器等
V_{D1}、V_{D2}	箝位二极管	为两只功放管提供固定的电压偏置，保证功放管静态时工作在微导通状态，从而有效地消除交越失真。在有的电路中，这两只二极管也可用一个阻值大小合适的电阻代替
R_1	偏置电阻	功放级的偏置元件之一，是 V_{D1}、V_{D2}、V_3 等的供电电阻
R_2	反馈电阻	构成电流串联负反馈，可以使推动放大器的工作更稳定

（2）工作原理

静态时，两只功放管微导通，只要合适地选择电阻 R_1 的值，就可以保证负载 R_L 上没有电流流过，使输出端的静态电压为零。

当输入信号时，由于功放管性能基本一致，双电源也是对称的，在负载 R_L 上就可以得到放大的、完整的输出信号（分析方法与乙类功放相似）。由于功放管处于微导通状态，所以消除了交越失真。

（3）电路特点

OCL 功放电路的特点见表 3-8 所示。

表 3-8　OCL 功放电路的特点

项　目	特点或参数
输出耦合方式	直接耦合
供电方式	采用"＋"、"－"对称双电源供电
交越失真	无
功放管导通状态	微导通
最大输出功率 P_{om}	$E_C^2/2R_L$
最大管耗	$0.2P_{om}$
效率	$50\% \sim 78.5\%$

3. OTL 功率放大器

（1）电路结构

OTL 功放实质上是无输出变压器的单电源互补对称功放电路的简称,其电路结构如图 3-23 所示。

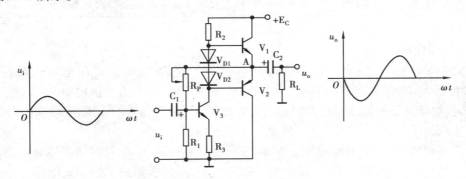

图 3-23　典型 OTL 功放电路

从两只功放管发射极输出的信号通过一只容量很大的电容耦合到负载 R_L 上,电路采用单电源供电,V_1 集电极接电源,V_2 集电极接地。电路中各元件的名称和作用见表 3-9 所示。

表 3-9　OTL 功放电路各元件的名称和作用

元件编号	元件名称	作　用
V_1、V_2	互补对称功放管	功放级的主要放大元件,接成射极输出的形式,输出电阻小,带负载能力强
V_3	推动管	构成推动放大电路,对信号进行放大,为功放管提供足够强的输入信号
R_L	负载电阻	功放级的负载,如扬声器等
V_{D1}、V_{D2}	箝位二极管	为两只功放管提供固定的电压偏置,保证功放管静态时工作在微导通状态,从而有效地消除交越失真。在有的电路中,这两只二极管也可用一个阻值大小合适的电阻代替
R_1	下偏置电阻	V_3 的下偏置电阻
R_P	调中点电压电位器	V_3 的上偏置电阻,改变它的大小,可以调节中点(A 点)电位
R_2	偏置电阻	功放级的偏置元件之一,是 V_{D1}、V_{D2}、V_3 等的供电电阻
R_3	反馈电阻	构成电流串联负反馈,可以使推动放大器的工作更稳定
C_1	输入耦合电容	耦合输入信号
C_2	输出耦合电容	耦合输出信号,同时充当功放管 V_2 工作时的电源

（2）工作原理

静态时，A 点电位应为 $E_C/2$，称为中点电位。电容 C_2 上的电压也为 $E_C/2$，由于 C_2 容量很大，故有信号输入时，电容两端电压基本不变，可视为一恒定值 $E_C/2$，充当负电源，使电路完全等同于双电源时的情况。此外，C_2 还有隔直的作用，所以输出端的直流电压也为零。

当推动管 V_3 的集电极输出信号时，在信号正半周期间，V_1 发射结正偏导通，V_2 发射结反偏截止，电流路径为：$+ E_C \rightarrow V_1 \rightarrow C_2 \rightarrow R_L \rightarrow$ 地，形成回路，对 C_2 充电，R_L 上获得正半周信号电压；在信号负半周期间，V_2 发射结正偏导通，V_1 发射结反偏截止，C_2 放电，电流路径为：$C_2 +$ 端 $\rightarrow V_2 \rightarrow$ 地 $\rightarrow R_L \rightarrow C_2 -$ 端，形成回路，负载 R_L 上获得负半周信号电压。这样 V_1、V_2 两管分别在正、负半周轮流工作，使负载获得一个完整周期的信号，输出电压的最大幅值约为 $E_C/2$。

由于 OTL 电路中功放管加了偏置，处于微导通状态，所以克服了交越失真。

（3）电路特点

OTL 功放电路的特点见表 3-10 所示。

表 3-10 OTL 功放的特点

项 目	特点或参数
输出耦合方式	电容耦合
供电方式	采用单电源供电
交越失真	无
功放管导通状态	微导通
最大输出功率 P_{om}	$E_C^2/8R_L$
最大管耗	$0.2P_{om}$
效率	$50\% \sim 78.5\%$

三、功率放大器件的安全使用

功率放大管工作在高电压、大电流下,必须考虑其散热问题,常采用加装散热器、风扇等措施来降温。为了保证功率放大管能安全的工作,还要在电路中采用过电流、过电压和过热保护措施。

输出功率较大的功放电路中,常采用复合管来提高电流放大系数。复合管是指用两只三极管按一定规律组合,等效成一只三极管使用,也称达林顿管,如图 3-24 所示。

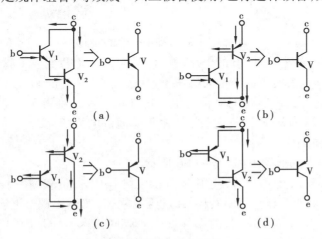

图 3-24 复合管的几种组合形式

复合管的组合有两大原则:

（1）复合管的每只三极管的各极电流方向正确且不互相抵触；

（2）复合管等效的三极管类型与前一只三极管类型一致，电流放大系数为两只三极管电流放大系数的乘积。

四、集成功率放大器

集成功率放大器是采用集成工艺将功放电路的大部分元器件集成制造在一块芯片上构成的，其外接元器件少，使用方便。为了保持性能稳定、可靠，能适应长时间连续工作，有的集成功率放大器内还具有过载保护和过热保护等电路。

功放集成电路的种类和型号很多，这里只介绍比较常用的两种。

1. LM386

（1）LM386集成电路

LM386是美国国家半导体公司生产的单声道音频功率放大器，主要用于低电压消费类产品。LM386的封装形式有塑封8引脚双列直插式和贴片式两种，其双列直插式引脚排列和功能如图3-25所示。

（a）外形

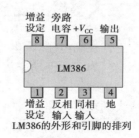

（b）引脚功能

图 3-25　LM386 外形和引脚的排列

为使外围元件最少，LM386的电压增益内置为20。但只要在1脚和8脚之间增加一只外接电阻和电容，便可调节增大电压增益，最大可增加到200。该集成功放的前级放大器采用运放，功放输出端的电位为电源电压的一半。在6 V电源电压下，LM386的静态功耗仅为24 mW，所以特别适用于由干电池供电的场合。

（2）LM386典型应用电路

由LM386构成的典型电路如图3-26所示。

电路中，5脚输出接 R_2、C_4 构成串联补偿网络，与感性负载（扬声器）并联，使等效负载近似呈纯电阻性，以防止高频自激和过压现象；C_3 为输出耦合电容；7脚外接的 C_2 为高频旁路电容，用以抑制纹波，消除自激；1、8脚间接入 R_1、C_1 串联电路，调整 R_1 可使电压放大倍数连续可调，且 R_1 越大，放大倍数越小。

2. TDA2030

（1）TDA2030集成电路

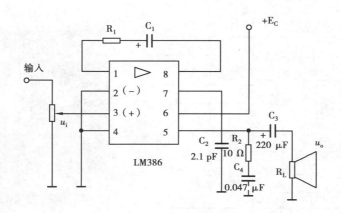

图 3-26　LM386 典型应用电路

TDA2030 是一款单声道音频功放电路,采用 H 型 5 脚单列直插式塑料封装结构,其外形和引脚排列如图 3-27 所示。

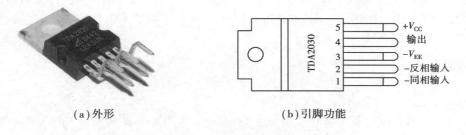

（a）外形　　　　　　（b）引脚功能

图 3-27　TDA2030 外形和引脚排列

该集成电路具有体积小、输出功率大、失真小等特点。其内部设有短路保护电路,具有过热保护能力。意大利 SGS 公司、美国 RCA 公司、日本日立公司、NEC 公司等均有同类产品生产,虽然其内部电路略有差异,但引出脚位置及功能均相同,可以互换。

与 TDA2030 功能相似,外形也相似的功放集成电路还有哪些?

（2）TDA2030 典型应用电路

用 TDA2030 构成的典型功放电路如图 3-28 所示。

电路中,R_1、R_2、C_2 构成交流电压串联负反馈,调节 R_1、R_2 的比值,可以改变电路的放大倍数。为了保持两输入端直流电阻平衡,使输入级偏置电流相等,选择 $R_3 = R_1$。C_3、C_6 为电源低频退耦电容,C_4、C_5 为电源高频去耦电容。V_{D1}、V_{D2} 起保护作用,用来泄放扬声器线圈产生的感生电压。图 3-29 为 TDA2030 功放电路板实物图。

TDA2030 集成功放接线简单,既可以接成 OTL 电路,也可以接成 OCL 电路,还可

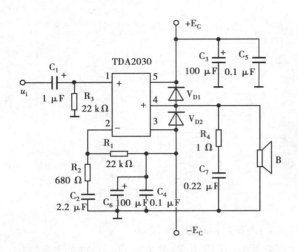

图 3-28　TDA2030 典型应用电路　　　　图 3-29　TDA2030 电路板

以用两只 TDA2030 构成 BTL(桥接式负载)电路,广泛应用于汽车音响、计算机有源音箱等音响设备中。图 3-29 所示为由两片 TDA2030 构成的双声道功放实物电路板图。

　　BTL 功放电路有什么特点?它的基本结构是怎样的?用两只 TDA2030 如何构成 BTL 电路?

* 第三节　场效应管放大器

一、场效应管

　　晶体管三极管是利用基极电流的微小变化去控制集电极电流的较大变化,从而实现信号放大功能的,属电流控制型器件。场效应晶体管(FET)简称场效应管,是一种利用电场效应来控制电流大小的半导体器件,属于电压控制型半导体器件。图 3-30 所示为一些常见的场效应管外形图。场效应管也称单极型晶体管。

1. 场效应管的结构和符号

　　根据结构不同,场效应管可分为结型场效应管和绝缘栅型场效应管两大类,如图 3-31所示。

图 3-30　常见场效应管

（1）结型场效应管（JFET）

结型场效应管（JFET）的结构和电路符号如图 3-32 所示，因有两个 PN 结而得名，是在一块 N 型半导体材料的两边各扩散一个高杂质浓度的 P 区，就形成两个不对称的 PN 结。把两个 P 区并联在一起，引出一个电极 G，称为栅极；

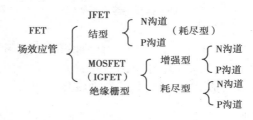

图 3-31　场效应管分类

在 N 型半导体的两端各引出一个电极，分别称为源极 S 和漏极 D。结型场效应管在应用的时候源极和漏极可以互换。

夹在两个 PN 结中间的 N 区是电流的通道，称为导电沟道（简称沟道）。这种结构的管子称为 N 沟道结型场效应管，其结构和电路符号如图 3-32（a）所示。如果在一块 P 型半导体的两边各扩散一个高杂质浓度的 N 区，就可以制成一个 P 沟道结型场效应管，其结构和电路符号如图 3-32（b）所示。

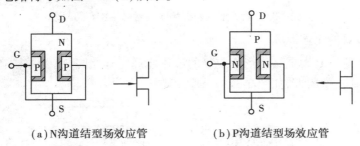

（a）N沟道结型场效应管　　　　　　（b）P沟道结型场效应管

图 3-32　结型场效应管的结构和符号

（2）绝缘栅型场效应管（简称 MOS 管）

绝缘栅型场效应管因栅极与其他电极完全绝缘而得名。在一块掺杂浓度较低的 P 型硅衬底上，用光刻、扩散工艺制作两个高掺杂浓度的 N 区，并用金属铝引出两个电极，分别作漏极 D 和源极 S；然后在半导体表面覆盖一层很薄的二氧化硅（SiO_2）绝缘层，在漏-源极间的绝缘层上再装上一个铝电极，作为栅极 G；另外在衬底上也引出一个电极 B,在场效应管内部,S 和 B 连接在一起,这就构成了一个 N 沟道增强型 MOS 管。由于 S 和 B 连接在一起,所以 D 和 S 之间不能互换。同理也可以构成 P 沟道增强型 MOS 管,其结构和符号如图 3-33 所示。

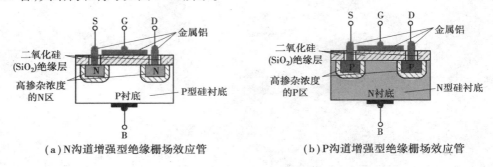

(a)N沟道增强型绝缘栅场效应管　　　　(b)P沟道增强型绝缘栅场效应管

图 3-33　增强型绝缘栅场效应管的结构和符号

如果在二氧化硅(SiO_2)绝缘层中掺入大量的正离子或负离子就构成了耗尽型 NMOS 管或 PMOS 管,其结构和符号如图 3-34 所示。

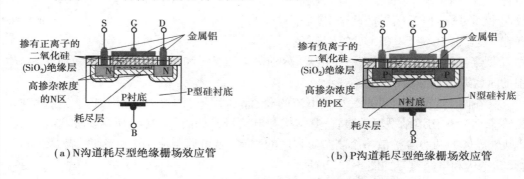

(a)N沟道耗尽型绝缘栅场效应管　　　　(b)P沟道耗尽型绝缘栅场效应管

图 3-34　耗尽型绝缘栅场效应管的结构和符号

2. 场效应管的工作原理

N 沟道结型和 P 沟道结型场效应管的工作原理完全相同,现以 N 沟道结型场效应管为例,分析其工作原理,如图 3-35 所示。

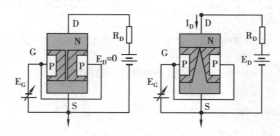

图 3-35　N 沟道结型场效应管的工作原理

当在漏极 D 和源极 S 之间加上电源 E_D 后,则在 N 型沟道中产生从漏极流向源极的电流 I_D。由 PN 结的特性可知,若在栅极 G 和源极 S 间加上负电压 E_G,PN 结的宽度增加,且负电压越大,PN 结就越宽,造成沟道变窄,沟道电阻变大。因此只要改变偏压 U_{GS} 便可控制漏极电流 I_D 的大小,场效应管的电压控制作用就体现于此。当 E_G 增大到超过 U_P(预夹断电压)时,沟道变窄到几乎消失,此时我们称发生了夹断。

N 沟道增强型绝缘栅场效应管工作原理如图 3-36 所示。

在栅极和源极之间加电压 U_{GS},由于 S 和 B 内部相连,则金属铝与半导体之间产生一个垂直于半导体表面的电场,在这一电场作用下,P 型硅表面的多数载流子空穴受到排斥,使硅片表面产生一层缺乏载流子的薄层。同时在电场作用下,P 型半导体中的少数载流子(电子)被吸引到半导体的表面,并被空穴所俘获而形成负离子,组成不可移动的空间电荷层(称耗尽层)。U_{GS} 愈大,电场排斥硅表面层中的空穴愈多,则耗尽层愈宽,且 U_{GS} 愈大,电场愈强。当 U_{GS} 增大到某一栅源电压值 V_T(称为临界电压或开启

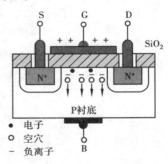

图 3-36　N 沟道增强型绝缘栅
效应管的工作原理

电压)时,则电场在排斥半导体表面层的多数载流子(空穴)形成耗尽层之后,就会吸引少数载流子(电子),继而在表面层内形成电子的积累,从而使原来为空穴占多数的 P 型半导体表面形成了 N 型薄层。由于与 P 型衬底的导电类型相反,故称为反型层。在反型层下才是负离子组成的耗尽层,这一 N 型电子层,把原来被 PN 结高阻层隔开的源区和漏区连接起来,形成导电沟道。

当 $U_{GS}=0$,在 DS 间加上电压 U_{DS} 时,漏极 D 和衬底之间的 PN 结处于反向偏置状态,不存在导电沟道,故 DS 之间的电流 $I_D=0$。当 U_{GS} 逐渐加大达到某一值(开启电压 U_T)时,I_D 开始出现,并随 U_{GS} 的继续增大而增大,所以称为增强型场效应管。

N 沟道耗尽型 MOS 管和 N 沟道增强型 MOS 管的结构基本相同,差别在于耗尽型 MOS 管的 SiO_2 绝缘层中掺有大量的正离子,故在 $U_{GS}=0$ 时,就在两个 N 区之间的 P 型表面层中感应出大量的电子来,形成一定宽度的导电沟道。这时,只要 $U_{DS}>0$ 就会产生 I_D。

对于 N 沟道耗尽型 MOS 管,无论 U_{GS} 为正或负,都能控制 I_D 的大小,并且不出现栅流。这是耗尽型 MOS 管区别于增强型 MOS 管的主要特点。

3. 场效应管的主要参数

场效应管的参数很多,包括直流参数、交流参数和极限参数,主要参数见表 3-11。

表 3-11　场效应管主要参数

符号	名称	说明
I_{DSS}	饱和漏源电流	结型或耗尽型绝缘栅场效应管中,栅极电压 $U_{GS}=0$ 时的漏源电流
U_P	夹断电压	结型或耗尽型绝缘栅场效应管中,使漏源间刚截止时的栅极电压
U_T	开启电压	增强型绝缘栅场效管中,使漏源间刚导通时的栅极电压
g_M	跨导	表示栅源电压 U_{GS} 对漏极电流 I_D 的控制能力,即漏极电流 I_D 变化量与栅源电压 U_{GS} 变化量的比值。g_M 是衡量场效应管放大能力的重要参数
U_{DSS}	漏源击穿电压	栅源电压 U_{GS} 一定时,场效应管正常工作所能承受的最大漏源电压。这是一项极限参数,正常工作时加在场效应管上的工作电压必须小于 U_{DSS}
P_{DSM}	最大耗散功率	一项极限参数,指场效应管性能不变坏时所允许的最大漏源耗散功率。使用时,场效应管实际功耗应小于 P_{DSM} 并留有一定余量
I_{DSM}	最大漏源电流	也是一项极限参数,指场效应管正常工作时,漏源间所允许通过的最大电流。场效应管的工作电流不应超过 I_{DSM}

二、场效应管放大器

1. 场效应管放大电路

由于场效应管具有高输入阻抗的特点,所以特别适用于作为多极放大电路的输入级,尤其是对于高内阻的信号源,采用场效应管才能有效地放大。

由于场效应管的源极、漏极、栅极分别对应于三极管的发射极、集电极、基极,所以两者放大电路也类似,场效应管也有共源极放大电路(漏极输出器)和共漏极放大电路(源极输出器)。在场效应管放大电路中需要设置合适的静态工作点,否则也将造成输出信号的失真。常用的直流偏置电路有两种形式,即自偏压电路和分压式偏压电路。自偏压典型电路如图 3-37 所示。

$$U_S = I_S R_S$$
$$U_G = 0$$
$$U_{GS} = U_G - U_S = -I_S R_S$$

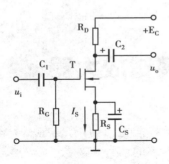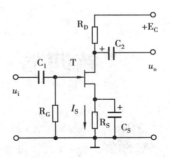

图 3-37 场效应管自偏压电路

显然,自偏压电路只能产生反向偏压,所以它仅适用于耗尽型 MOS 管和结型场效应管,不能用于增强型 MOS 管。

分压式偏压电路如图 3-38 所示。

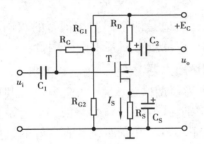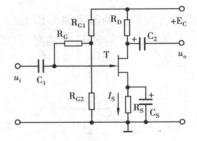

图 3-38 场效应管分压式偏压电路

$$U_S = I_S R_S$$

$$U_G = \frac{R_{G2}}{R_{G1} + R_{G2}} E_C$$

$$U_{GS} = U_G - U_S = \frac{R_{G2}}{R_{G1} + R_{G2}} E_C - I_S R_S$$

适当选择电阻值,可得到各类场效应管放大工作时所需要的偏压,故分压式偏压电路适用于各种类型的场效应管。

2. 场效应管放大器的特点及应用

场效应管是电场效应控制电流大小的单极型半导体器件。在其输入端电流极小(几乎为零),具有输入阻抗高、噪声低、热稳定性好、制造工艺简单等特点,在大规模和超大规模集成电路中应用较多。场效应器件凭借其低功耗、性能稳定、抗辐射能力强等优势,在集成电路中已经有逐渐取代三极管的趋势。

* 第四节　调谐放大器

在电子设备中,为了提高放大器的抗干扰能力,有时需要在一个较宽的频带中选择某一频率的信号进行放大,将其余频率的信号衰减,这就需要放大器具有选频功能。调谐放大器就是利用 LC 回路的并联谐振特性来实现选频的。

一、调谐放大器电路

调谐放大器的调谐回路可以是单调谐回路,也可以是两个回路相耦合的双调谐回路。双调谐回路可以通过互感与下一级耦合,也可以通过电容与下一级耦合。

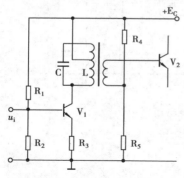

图 3-39　单调谐放大器

1. 单调谐放大器

图 3-39 为单调谐放大器,与阻容耦合共射电路相比较,区别在于是用 LC 并联回路代替了集电极电阻 R_C。由于 LC 并联回路具有良好的选频特性,即 $f = f_0$ 时,谐振阻抗 Z 最大且为纯电阻,此时,电压放大倍数最高。对于偏离 f_0 的其他信号,放大能力急剧下降,所以,调谐放大器只对调谐频率附近的信号有选择地放大。LC 并联调谐回路采用了电感抽头方式接入晶体管集电极回路,其目的是为了实现阻抗匹配以提高信号传输效率。

2. 双调谐放大器

实际应用中,需要放大的信号往往不是单一频率,而是一个频带,单调谐放大器不能同时兼顾较宽的频带和较好的选择性。为了使放大器满足通频带宽、选择性好和传输性能优越等要求,通常采用双调谐放大器。图 3-40(a)的双调谐放大器是通过互感与下一级耦合,图 3-40(b)所示的双调谐放大器通过是电容与下一级耦合。

双调谐放大电路是利用原边回路的并联调谐和副边回路的串联调谐来实现选频的,只要两个回路之间的耦合程度适当,就能很好地兼顾选择性和通频带。

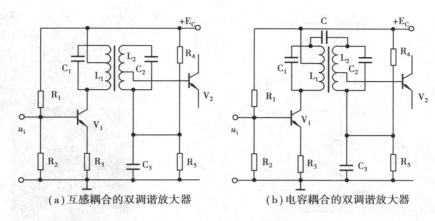

（a）互感耦合的双调谐放大器   （b）电容耦合的双调谐放大器

图 3-40　双调谐放大器

二、调谐放大器的性能及应用

1.调谐放大器的性能指标

调谐放大器的主要性能指标见表 3-12 所示。

表 3-12　调谐放大器的性能指标

性能指标	定　义
电压增益 A_v	调谐放大器的电压放大倍数,用对数表示
通频带 f_{BW}	调谐放大器上、下截止频率之间的频带(输出信号从最大值衰减 3 dB 的信号频率为截止频率)
选择性	调谐放大器选出有用频率信号并抑制其他频率信号的能力
品质因素 Q	调谐放大器中 LC 回路调谐时感抗 X_L 或容抗 X_C 与回路等效电阻 R 之比

2.调谐放大器的应用

调谐放大器广泛应用于各类无线电发射机的高频放大级和无线接收机的高频、中频放大级。在发射机中主要用来放大射频信号;在接收机中主要用来对小信号进行电压放大。图 3-41 为收音机的中放部分电路,图中 V_2 和变压器 B_4 的初级、电容 C_{B4} 构成一级单调谐放大电路;V_3 和 B_5 的初级、C_{B5} 构成另一级单调谐放大电路。在实际应用中,常将变压器和调谐电容组装在一起,加上外壳构成中频变压器,简称为中周,如图 3-42 所示。

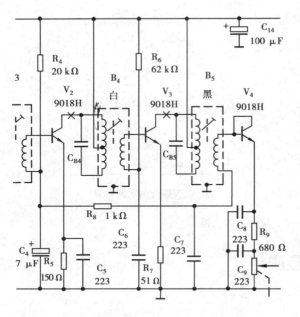

图 3-41 收音机中放电路　　　　　　图 3-42 收音机中放电路实物图

 一查

你知道还有哪些电子产品、电子设备中采用了调谐放大器？

实训 三　　集成运放应用电路的组装
（减法运算电路）

一、实训目的

（1）能识别集成运算放大器的外形特征、管脚，能识读由运放构成的实用电路；

（2）学会使用双电源连接；

（3）学会进行运放的调零；

（4）会测量和估算运算放大电路的输出电压。

二、实训器材

数字万用表、毫伏表、双电源、电烙铁及运放套件,运放套件的具体元件清单见表3-13 所示。

表3-13 运放套件的元件清单

序号	名 称	型号规格	位 号	数量
1	电阻	4.7 kΩ	R_1、R_2	2 只
2	电阻	100 kΩ	R_3、R_4	2 只
3	电阻	510 kΩ	R_5、R_6	2 只
4	电位器	10 kΩ	R_{P3}	1 只
5	电位器	1 kΩ	R_{P1}、R_{P2}	2 只
6	集成块	LM741		1 块
7	万能电路板			1 块

三、知识准备

1. 运放集成电路 LM741 的引脚识别

运放集成电路 LM741 为 8 脚双列直插式封装,其示意图如图 3-43(a)所示。引脚功能见表 3-14 所示。

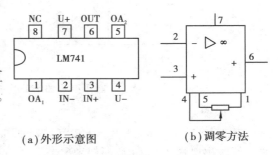

(a)外形示意图　　　　(b)调零方法

图 3-43 运放集成电路 LM741

表 3-14 运放集成电路 LM741 的引脚功能

引脚	功能	引脚	功能
①	调零端	⑤	调零端
②	反相输入端	⑥	输出端
③	同相输入端	⑦	电源电压正端
④	电源电压负端	⑧	空脚

2. 运放集成电路 LM741 的调零

由于运放两输入端不可能完全对称,会存在差异,当输入电压为 0 时,运放的输出电压可能偏离 0 点,所以在使用中要对运放进行调零。有的运放电路内部设置有自动调零功能,不需要外接调零;有的运放内没有自动调零功能,需要外接调零电路。

运放集成电路 LM741 在使用中要进行外部调零,其调零方法见图 3-43(b)所示,在①、⑤脚间接入调零电位器,调节该电位器可以实现调零。

四、实训步骤

1. 电路连接

实训电路如图 3-44 所示,在面包板上按图安装好元件,连接好电路。电源接 + 12 V 和 − 12 V。

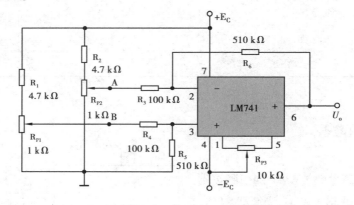

图 3-44　由 LM741 构成的实训电路

2. 调零

将两输入端(A 点和 B 点)都短接到地,同时测量输出端的电压,调节调零电位器 R_{P3},使输出电压 $U_o = 0$,从而保证电路调零良好。

3. 调试与测量

调节 R_{P1}、R_{P2},使 U_A、U_B 为表中数值,分别计算和测量出对应的输出电压 U_o,填入表 3-15 中。

表 3-15　运放电路的数据测量

U_A/mV	50	100	200	800
U_B/mV	180	200	300	1 200
U_o 计算值				
U_o 实测值				

五、实训结果分析

这是一个完成_____功能的电路,根据计算数据,计算出电路的电压放大倍数为_____;根据测量数据,计算出电路的电压放大倍数为_____。

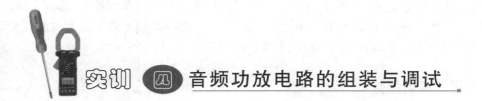

实训 四 音频功放电路的组装与调试

一、实训目的

(1)能识别集成电路 TDA2030 的外形特征、管脚;

(2)能够识读由 TDA2030 构成的集成功率放大器电路图和印制电路板图;

(3)学会分析和运用简单的音调控制电路;

(4)熟悉电子产品整机安装工艺,能够按照工艺要求正确安装、调试和检测集成功率放大器。

二、实训电路

本电路由电源电路、左声道功率放大器和右声道功率放大器 3 部分组成,电路如图 3-45 所示。

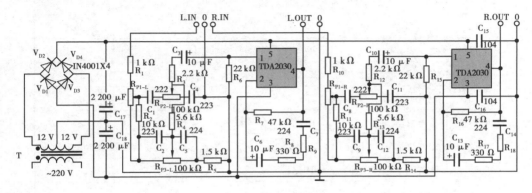

图 3-45　功放电路原理图

电源电路为典型的双绕组双电源电路,对于每一组电源都是全波整流电路,$V_{D1} \sim V_{D4}$为整流二极管。对于正电源,由V_{D2}、V_{D4}与变压器T_1构成全波整流,C_{15}、C_{17}为滤波电容;对于负电源,由V_{D1}、V_{D3}与变压器T_1构成全波整流,C_{16}、C_{18}为滤波电容。R_{19}、LED为电源指示电路。

由于左、右声道(L、R)电路完全相同,这里只分析左声道(L声道)电路。R_{P1-L}为音量调节电位器;音调电路为衰减式,含低音调节和高音调节两部分,低音调节电路由R_2、R_5、C_2、C_5、R_{P3-L}构成,高音调节电路由C_1、C_4、R_{P2-L}构成。R_8、R_7、C_6构成反馈网络,调节R_8、R_7的阻值可改变电路的电压增益。R_6为TDA2030A同相输入端的直流偏置电阻。R_9和C_7构成的RC网络用于改善高频音质,防止高频自激。

三、实训器材

万用表、电烙铁、示波器、毫伏表、失真度仪,以及功放套件1套,功放套件的具体元件清单见表3-16所示。

表3-16 功放套件元件清单

序号	名称	型号规格	位号	数量
1	集成电路	TDA2030A	IC_1、IC_2	2块
2	整流二极管	IN4001	$V_{D1} \sim V_{D4}$	4只
3	电阻器	10 Ω	R_9、R_{18}	2只
4	电阻器	330 Ω	R_8、R_{17}	2只
5	电阻器	1 kΩ	R_1、R_{10}	2只
6	电阻器	1.5 kΩ	R_5、R_{14}	2只
7	电阻器	2.2 kΩ	R_3、R_{12}	2只
8	电阻器	5.6 kΩ	R_4、R_{13}	2只
9	电阻器	10 kΩ	R_2、R_{11}、R_{19}	3只
10	电阻器	22 kΩ	R_6、R_{15}	2只
11	电阻器	47 kΩ	R_7、R_{16}	2只
12	瓷片电容器	222 pF	C_1、C_8	2只
13	瓷片电容器	223 pF	C_2、C_4、C_9、C_{11}	4只
14	瓷片电容器	104 pF	C_{15}、C_{16}	2只
15	瓷片电容	224 pF	C_5、C_7、C_{12}、C_{14}	4只
16	电解电容器	10 μF	C_3、C_6、C_{10}、C_{13}	4只
17	电解电容器	2 200 μF/25 V	C_{17}、C_{18}	2只

续表

序号	名称	型号规格	位号	数量
18	电位器	50 kΩ	R_{P1}	1 个
19	电位器	100 kΩ	R_{P2}、R_{P3}	2 个
20	螺母	M7	电位器用	4 个
21	散热器	—	—	1 个

四、实训步骤

1. 元器件的清点、检测与整理

（1）对照原理电路，列出元件表，参照表 3-17 绘制元件清单。

表 3-17　元件清点整理清单

元件类型	元件序号	元件参数	元件测试	元件是否正常	备注

（2）TDA2030 的检测。测量 TDA2030 各引脚对③脚的正向电阻值（红表笔接③脚），填入表 3-18 中。

表 3-18　TDA2030 的引脚电阻检测

TDA2030	1	2	3	4	5
功能	同向输入端	反向输入端	负电源端	输出端	正电源端
对③脚电阻					

2. 功率放大器电路板的安装

（1）安装元件

PCB 板图如图 3-46 所示。元件的安装次序按跳线、电阻、二极管、瓷片电容（或涤纶电容）、电解电容、开关、电位器、集成电路的次序进行安装。

首先对元件进行成形处理，然后再进行插装和焊接。安装前注意元件引脚是否氧化，对氧化的元件要进行处理和上锡。

（2）安装后检查

把焊接好的电路板检查一次，检查的重点为：有无错装和漏装；有无短路、虚焊；整流二极管、电解电容等元件极性有无装反等。

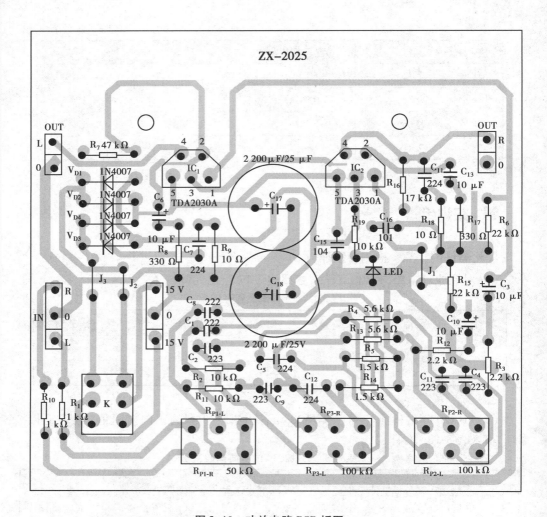

图 3-46　功放电路 PCB 板图

（3）安装变压器连接线、信号源和音箱（或者喇叭）连线

信号源可以是 CD 机、计算机音频或者手机音频等，注意两个声道连线要正确。音箱（或者喇叭）需要两个（左右两个声道），并保证连线正确。

3. 调试与测试

（1）静态工作点调试

①接上电源变压器（次级为双 12 伏），不带负载情况下接通电源，按下电路板上电源开关，测试滤波电容两端输出电压应为 ±15 V 左右。若出现异常应该立即断电。

②电源电压正常后，测集成电路 1、2、4 脚对地电压均应为 0 V。

（2）频率特性测试

①调节 1 000 Hz 输入信号幅度（或调音量电位器），使输出信号为 1 V，测出电路输入信号的大小 u_i 的值。

②调节输入信号的频率,保持输入信号 u_i 的大小不变,测量输出信号的大小。随着频率的变化,输出信号的幅度也会发生变化,找出当输出信号变为 $0.707\text{V}\left(\dfrac{u_o}{\sqrt{2}}\right)$ 时对应的上下限频率 f_L 和 f_H,求出通频带 $f_{BW}=f_H-f_L$。整机频率特性的测试见表 3-19 所示。

表 3-19　功率放大器的频率特性测试

信号频率	20 Hz	50 Hz	100 Hz	200 Hz	1 kHz	10 kHz	15 kHz	20 kHz
输入电压 u_i/mV								
输出电压 u_0/V								
$f_{BW}=F_H-F_L$								

（3）试听

在功率调试正常后,接上信号源进行试听,感受调节音量和音调对播放效果的影响。调节音量电位器 R_{P1},音量有明显的增大或减小,最小音量能够减小到全无声;调节左右声道的音调电位器 R_{P2} 和 R_{P3},能够听到高低音有明显的提升和衰减。

五、实训结果

1.实训评价

根据实训情况,分 A、B、C、D 4 个等级进行评价,填写实训评价表 3-20。

表 3-20　音频功放电路的安装与调试评价

项目	自评	小组评	老师评	总体评价等级
元件识别				
读图				
元件整理				
电路板安装				
调试				
试听效果				

2.实训感受

请同学们根据实训情况写一份实训感受。

学习小结

（1）用集成电路工艺制成的具有高放大倍数的直接耦合放大电路，简称集成运放。它常用于各种模拟信号的运算和放大，例如比例运算、微分运算、积分运算等。

（2）集成运放由输入级、中间级、输出级和偏置电路4部分组成。

（3）运放的一个主要问题是零漂，解决零漂最有效的方式是在输入级采用差动放大电路。

（4）利用"虚短"、"虚断"两种特性，可以很方便地分析各种运放的线性应用电路。

（5）反馈是指将输出量的一部分或全部通过一定的电路馈送给输入回路，与输入信号一起共同作用于放大器的输入端的形式。按反馈对净输入量的影响可分为正、负反馈；按反馈端与输出端的连接方式可分为电压、电流反馈；按反馈端与输入端的连接方式可分为串、并联反馈。

（6）负反馈有4种类型：电压串联负反馈、电流串联负反馈、电压并联负反馈、电流并联负反馈。

（7）集成运放构成的常用电路有：反相比例运算电路、同相比例运算电路、加法运算电路、减法运算电路、比较器等。

（8）常见的功率放大器有 OCL 功放和 OTL 功放，常见的功放集成电路有 LM386、TDA2030 等。

（9）场效应管是一种压控半导体器件，可分为结型和绝缘栅型两大类，结型又分为P 沟道和 N 沟道，绝缘栅型又分耗尽型 P 沟道、耗尽型 N 沟道、增强型 P 沟道、增强型 N 沟道。

（10）具有选频功能的放大器称为调谐放大器，可分为单调谐放大器和双调谐放大器。

学习评价

1. 判断题

（1）将电路中的元器件和连线制作在同一硅片上，制成了集成电路，称为集成运放。 （ ）

（2）运放的中间级是一个高放大倍数的放大器，常由多级共发射极放大电路组成。 （ ）

（3）解决零漂最有效的措施是采用差动放大电路。 （ ）

（4）差动放大电路对称性越差，其共模抑制比就越大，抑制共模信号（干扰）的

能力也就越差。　　　　　　　　　　　　　　　　　　　　　　　　　（　　）

（5）运算放大器只有 3 个引线端：两个输入端和一个输出端。　　（　　）

（6）"虚短"是指集成运放的两个输入端电位无限接近，但又不是真正短路的特点。　　　　　　　　　　　　　　　　　　　　　　　　　　　　　　（　　）

（7）反馈信号使净输入量增加说明是负反馈。　　　　　　　　　　（　　）

（8）按反馈在输出端取样分类，反馈可分为电流反馈和电压反馈。　（　　）

（9）功率放大器输出功率越大越好。　　　　　　　　　　　　　　（　　）

（10）由于场效应管具有高输入阻抗的特点，所以特别适用于作为多极放大电路的输入级。　　　　　　　　　　　　　　　　　　　　　　　　　　　　（　　）

2．填空题

（1）运放输入级常用双端输入的差动放大电路，一般要求输入电阻_____，差模放大倍数_____，抑制共模信号的能力_____，静态电流_____。

（2）_____是指当放大电路输入信号为零时，由于受温度变化、电源电压不稳等因素的影响，使静态工作点发生变化，并被逐级放大和传输，导致电路输出端电压偏离原固定值而上下漂动的现象。

（3）差模信号是指在两个输入端加上幅度_____，极性_____的信号。

（4）运算放大器的符号中有 3 个引线端：两个输入端和一个输出端。其中一个输入端称为同相输入端，在该端输入信号与输出端输出信号的极性_____，用符号"＋"或"P"表示；另一个输入端称为_____输入端，在该端输入信号与输出端输出信号的极性相异，用符号"－"或"N"表示。输出端一般画在输入端的另一侧，在符号边框内标有"＋"号。

（5）在电子电路中，将输出量的一部分或全部通过一定的电路形式馈送给输入回路，与输入信号一起共同作用于放大器的输入端，称为_____。

（6）按照三极管工作状态的不同，常用功率放大电路可分为_____类、甲乙类、_____类等。

（7）将 NPN 型管和 PNP 型管组合起来，构成双管互补对称乙类功放，常见的有_____电路和_____电路，OCL 电路最大输出功率是_____。

（8）一般的晶体管称为双极型晶体管，FET 称为_____型晶体管。

（9）场效应管的源极、漏极、栅极分别对应于三极管的_____极、_____极、_____极。

（10）调谐放大器就是利用_____特性来实现选频。

3．简答题

（1）什么是零点漂移，解决零点漂移的有效措施是什么？

（2）"虚短"是什么意思？"虚断"是什么意思？

（3）反馈的分类方法及类型有哪些？

(4)负反馈对放大器的影响有哪些?

(5)集成运放的保护措施有哪些?

(6)功率放大器的要求有哪些?

(7)简述甲类、甲乙类、乙类功放各自的特点。

(8)简述场效应晶体管的种类。

(9)简述调谐放大器的性能指标。

4.画图题

画出运放的结构框图,简述各部分的作用和特点。

*第四章

直流稳压电源

1. 知识目标

（1）记住集成稳压电源的管脚功能，知道常见集成稳压电源的主要参数；

（2）知道开关电源的组成、优点及应用，会分析开关电源的工作原理。

2. 能力目标

（1）能安装和调试集成稳压电源；

（2）能正确测量稳压电源的稳压性能和调压范围；

（3）能排除稳压电源的常见故障。

电子设备中需要直流电源,它们可以采用干电池、蓄电池或其他直流能源供电。但在有交流电网的地方,则可以将交流电变成直流电,从而为各种电子设备供电。这种将交流电变成稳定直流电的电路就是稳压电源。

第一节 集成稳压电源

常见的稳压电路有并联式、串联式和开关稳压电源等。串联式稳压电源主要由电源变压器、整流电路、滤波电路和稳压电路组成,如图4-1所示。

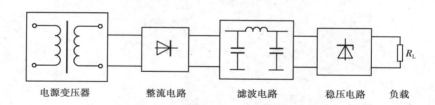

电源变压器　　　整流电路　　　滤波电路　　　稳压电路　　负载

图 4-1　串联式稳压电源组成框图

各部分电路的作用见表4-1。

表 4-1　串联式稳压电源各部分电路作用

电路	作用
电源变压器	将电网供给的交流电压变换为符合整流电路需要的交流电压
整流电路	将变压器次级交流电压变换为单向脉动的直流电压
滤波电路	将脉动的直流电压变换为平滑的直流电压
稳压电路	使直流输出电压稳定

串联型稳压电源又分为分立元件型和集成型两种。这里主要讨论集成型串联稳压电源和开关稳压电源。

当今社会,人们享受着电子设备带来的便利,所有电子设备都有一个共同的电路——电源电路。大到超级计算机,小到袖珍随身听,这些电子设备都必须在电源电路的支持下才能正常工作。当然这些电源电路的样式、复杂程度千差万别。比如:超级计算机的电源电路本身就是一套复杂的电源系统,通过这套电源系统,超级计算机各部分能够得到持续稳定、符合各种复杂规范的电源供应。袖珍计算器则采用很简单的干电池电源电路。不过你可不要小看这个电池电源电路,新型的电路完全具备电池能量提醒、掉电保护等高级功能。

电子设备对电源电路的要求就是能够提供持续稳定、满足负载要求的电能,而且通常情况下都要求提供稳定的直流电能。提供这种稳定的直流电能的电源就是直流稳压电源。直流稳压电源在电源技术中占有十分重要的地位。另外,很多电子爱好者初学阶段首先遇到和要解决的就是电源问题,否则电路无法工作、电子制作无法进行,学习就无从谈起。所以我们要学习电源知识,学会使用电源,逐步提高解决和处理电源问题的能力。

一、三端集成稳压器件

集成稳压电源中最常见的是三端集成稳压器,由于它只有输入、输出和公共引出端 3 只引出脚,故称之为三端式稳压器,如图 4-2 所示。三端稳压器主要有两种:一种输出电压是固定的,称为固定输出三端稳压器;另一种输出电压是可调的,称为可调输出三端稳压器。这两种三端稳压器的基本原理相同,均采用串联型稳压电路。由于三端稳压器只有 3 个引出端子,具有外接元件少、使用方便、性能稳定、价格低廉等优点,因而得到广泛应用。

图 4-2　三端集成稳压器实物图

1. 固定输出三端集成稳压器

固定输出三端集成稳压器有输出正电压的 78 ** 系列和输出负电压的 79 ** 系列两大类。

（1）命名方法

固定输出三端集成稳压器名称主要由生产厂家代号、产品系列、输出电流和输出电压 4 部分组成,例如:

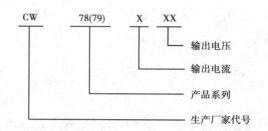

表4-2　78＊＊、79＊＊系列固定输出三端集成稳压器说明

	说　明	实　例
生产厂家代号	C、CW:国产稳压器件 LM:美国国家半导体公司	例如: CW7805 为国产输出电压为 +5 V,输出电流为1.5 A 的三端稳压器; CW79M12 为国产输出电压为 −12 V,输出电流为0.5 A 的三端稳压器; LM7805 为美国国家半导体公司生产,输出电压为5 V,输出电流为1.5 A 的三端稳压器
产品系列	78＊＊:输出正电压 79＊＊:输出负电压	
输出电流	用一个字母表示,L,N,M,T,H,P 分别表示0.1,0.3,0.5,3,5,10 A,无字母时为1.5 A	
输出电压	用两位数字表示,数字是多少就表示是多少伏,如05,09,12 分别表示5,9,12 V	

查阅相关资料或上网查阅,了解:

78＊＊系列有哪些输出电压?

79＊＊系列有哪些输出电压?

　　(2)78＊＊、79＊＊系列固定输出三端集成稳压器封装及管脚排列

　　78＊＊、79＊＊系列固定输出三端集成稳压器中,最常见的是 TO-220 和 TO-202 两种封装。这两种封装的图形、引脚序号及引脚功能如图4-3 所示。

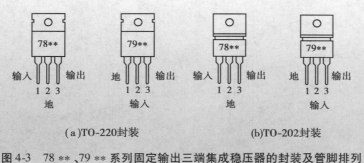

（a）TO-220封装　　　　　（b)TO-202封装

图 4-3　78 ∗∗、79 ∗∗ 系列固定输出三端集成稳压器的封装及管脚排列

（3）典型应用电路

78 ∗∗、79 ∗∗ 系列的典型应用电路如图 4-4 所示。

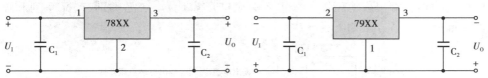

图 4-4　78 ∗∗、79 ∗∗ 系列典型应用电路图

2.可调输出三端集成稳压器件

图 4-5　LM317 实物电路图

可调输出三端集成稳压器件的输出电压可调,且稳压精度高,输出纹波小,只需外接一个固定电阻和一个可调电阻,即可获得可调的输出电压。图 4-5 为 LM317 实物电路图。

（1）封装及引脚排列

可调输出三端集成稳压器的引脚排列如图 4-6 所示。

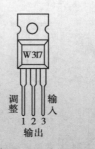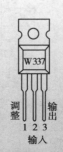

图 4-6　可调输出三端集成稳压器的引脚排列

（2）命名方法

可调输出三端集成稳压器名称主要有生产厂家代号、产品类别、产品系列和输出电流 4 部分。命名方法如下：

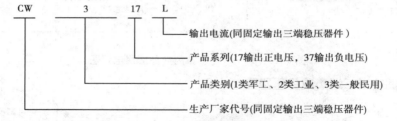

例如：

CW317L 表示国产民用的输出正电压、电流大小为 0.1 A 的三端可调稳压器；

LM337 表示美国国家半导体公司生产的输出负电压、输出电流为 1.5 A 的三端可调稳压器。

　　可调输出正压三端集成稳压器与可调输出负压三端集成稳压器的引脚排列是否一致？

（3）典型应用电路

可调输出三端集成稳压器典型应用电路如图 4-7 所示。

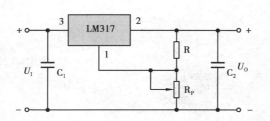

图 4-7　可调输出三端集成稳压器典型应用电路图

二、集成稳压电源电路实例

1. 固定输出单电源电路

由 78∗∗ 系列组成的固定输出单电源电路如图 4-8 所示。

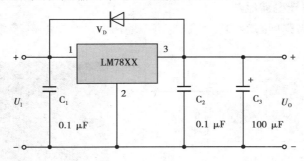

图 4-8　正电压输出的稳压电源电路

图中，C_1 为抗干扰电容，用以旁路在输入导线较长时窜入的高频干扰脉冲；

C_2 具有改善输出瞬态特性和防止电路产生自激振荡的作用；

V_D 起保护集成稳压器的作用。

2. 固定输出的正、负双电源电路

由 78∗∗ 系列和 79∗∗ 集成稳压器构成的典型正负双电源电路如图 4-9 所示，图中 V_{D5}、V_{D6} 起保护作用，图 4-10 为实物图。

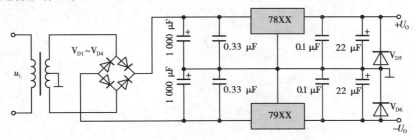

图 4-9　正、负电压输出的稳压电源电路

图 4-10 中各元件的名称及作用是什么?

图 4-10 正、负电压输出的稳压电源实物图

3. 可调输出电压电源电路

图 4-11 所示为典型的 LM317 构成的可调输出电压电源电路,实物如图 4-12。

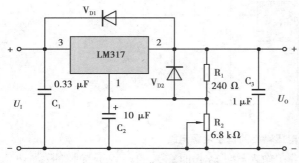

图 4-11 可调电压输出电源电路

图 4-12 可调电压输出的电源电路实物图

输出电压为

$$U_O = 1.2\left(1 + \frac{R_2}{R_1}\right)$$

图中,R_1、R_2 构成调整电路,调节输出电压;

C_1 为输入滤波电容,可抵消电路的电感效应和防止自激振荡;

C_2 减小 R_2 两端纹波电压;

C_3 防止输出端负载呈容性时可能出现的阻尼振荡;

V_{D1}、V_{D2} 起保护作用。

第二节　开关稳压电源

随着全球对能源问题的重视,电子产品的耗能问题愈来愈突出,如何降低其待机功耗,提高供电效率成为一个急待解决的问题。传统的线性稳压电源(串联型稳压电源)虽然电路结构简单、工作可靠,但它存在着效率低(只有 40% ~ 50%)、体积大、铜损和铁损大、工作温度高且输出电压调整范围小等缺点。为此,人们研制出了开关式稳压电源,它的效率可达 80% 以上,稳压范围宽,还具有稳压精度高、不使用电源变压器等优点,是一种较理想的稳压电源。

 想一想

在我们生活中,哪些家用电器中采用了开关稳压电源?

一、开关稳压电源的稳压原理

1. 开关稳压电源的组成

开关式稳压电源的基本电路框图如图 4-13 所示。

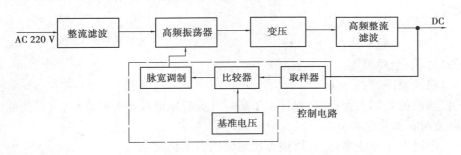

图 4-13　开关式稳压电源的基本电路框图

交流电压经整流滤波后,变成含有一定脉动成分的直流电压,该电压进入高频振荡器,高频振荡器的振荡受"控制电路"的控制,经变压后输出的高频方波,再经高频整流滤波后变为所需要的直流电压(注意:由于频率高,整流滤波后的脉动极小,输出电压就很稳定)。

控制电路为一脉冲宽度调制器,它主要由取样器、基准电压、比较器及脉宽调制等

电路构成。控制电路用来调整高频开关元件(振荡管)的开关时间比例,以达到稳定输出电压的目的。

2. 开关稳压电源的稳压原理

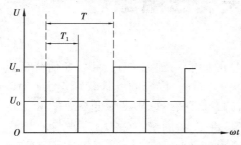

图 4-14 调宽式开关稳压电源的基本原理

开关式稳压电源按控制方式分为调宽式和调频式两种,在实际的应用中,调宽式使用得较多,在目前开发和使用的开关电源集成电路中,绝大多数也为调宽型。下面就主要介绍调宽式开关稳压电源。

调宽式开关稳压电源的基本原理如图 4-14 所示。

对于矩形脉冲波来说,其直流平均电压 U_O 取决于矩形脉冲的宽度,脉冲越宽,其直流平均电压值就越高。直流平均电压 U_O 可由公式计算:

$$U_O = U_m \times \frac{T_1}{T}$$

式中,U_m 为矩形脉冲最大电压值;T 为矩形脉冲周期;T_1 为矩形脉冲宽度。

从上式可以看出,当 U_m 与 T 不变时,直流平均电压 U_O 将与脉冲宽度 T_1 成正比。这样,只要根据输出电压的变化改变脉冲宽度 T_1,就可以达到稳压的目的,所以称为调宽式开关稳压电源。

二、开关稳压电源的优点及应用

1. 开关稳压电源的优点

(1)功耗小,效率高;

(2)体积小,质量小;

(3)稳压范围宽;

(4)滤波的效率大为提高,并且由于高频开关稳压电源开关频率高,可以使滤波电容的容量和体积大为减小;

(5)电路形式灵活多样,可以很方便地输出多组稳定电压。

2. 开关稳压电源的应用

开关电源产品广泛应用于工业自动化控制、军工设备、科研设备、LED 照明、工控设备、通讯设备、电力设备、仪器仪表、医疗设备、半导体制冷制热等领域。下面介绍一款典型开关电源芯片及电路原理图。

美国 Onsemi 公司推出的 TOPSwitch-Ⅱ 器件为三端单片开关电源,是一种将基准电压源、锯齿波发生器、脉宽调制器(PWM)、功率开关场效应管(MOSFET)和各种保护电路全部集成在一起的新型集成芯片。有 TO-220 封装、DIP-8 封装和 SMD-8 封装 3 种封装形式,其外形和管脚排列如图 4-15 所示。

  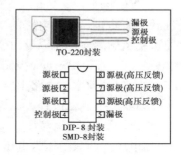

图 4-15　TOPSwitch-Ⅱ 外形和管脚排列

不管哪种封装,其实质都是三端器件,分别为控制端 C(Control)、源极 S(Source)、漏极 D(Drain)。源极 S 与芯片内部功率开关场效应管源极相连,并作为初级电路的公共地(对于 DIP-8 和 SMD-8 封装,都设计了 6 个 S 端,它们在内部是连通的,1、2、3 脚 3 个 S 端作为信号地,接旁路电容的负极;6、7、8 脚 3 个 S 端则作为高压返回端,即功率地。安装印制板时应将它们焊到地线区域的不同位置上,这样可避免大电流通过功率地线所形成的压降对控制端产生干扰)。漏极 D 与芯片内部功率 MOS 管的漏极相连。控制端的主要作用是根据外部流入控制端电流 I_c 来自动调节占空比(D、S 的导通、截止时间),当 I_c 变化时,占空比就在一定范围内变化,达到稳压的目的。

由 TOPSwitch-Ⅱ 构成的单片开关电源如图 4-16 所示。

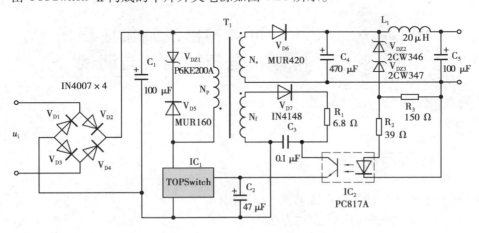

图 4-16　由 TOPSwitch-Ⅱ 构成的开关稳压电源原理图

图 4-16 中 T 为三绕组高频变压器(常称为开关变压器),工作频率为 100 kHz。3 个绕组分别为:N_p 原边绕组,N_s 副边绕组(即输出绕组),N_f 反馈绕组。变压器中能量传递过程为:当 TOPSwitch 中的功率开关场效应管导通时,变压器原边绕组储存能量;

当功率开关场效应管截止时,原边绕组中储存的能量传递给副边绕组和反馈绕组,经高频整流滤波后即可提供直流输出电压和反馈电压。

V_{DZ1}、V_{D5}组成了漏极箝位电路,用来限制开关变压器可能产生的尖峰电压对IC_1漏极的影响,防止当集成电路的功率开关场效应管截止时,变压器原边的直流输入电压、原边绕组的感应电压以及由变压器的漏感而产生的尖峰电压三者叠加在一起损坏集成电路。C_2为TOPSwitch控制端的旁路电容,其作用是对控制电路进行补偿,并能设定自动重启动频率。电路中所选参数值已将自动重启动频率设定为1.2 Hz。V_{D6}及V_{D7}为高频输出整流二极管。L_1为滤波电感,其作用是滤除V_{D6}在反向恢复过程中产生的开关噪声。V_{DZ2}及V_{DZ3}为稳压管。IC_2为线性光耦合器。

输出电压为两只稳压管电压、PC817A中发光二极管的导通压降以及电阻R_2上压降三者之和,故改变R_2的大小,就能改变(精确调节)输出电压的设定值。对于不同的输出电压要求,只需改变稳压管和限流电阻R_2的大小即可。

输出电压U_o的稳压过程为:$U_o \uparrow (\downarrow) \rightarrow U_{R4} \uparrow (\downarrow) \rightarrow I_f \uparrow (\downarrow) \rightarrow I_c \uparrow (\downarrow) \rightarrow IC_1$的导通时间$\downarrow (\uparrow) \rightarrow$脉冲宽度$\downarrow (\uparrow) \rightarrow U_o \downarrow (\uparrow)$。

除了美国Onsemi公司推出的TOPSwitch-Ⅱ外,还有哪些型号的单片开关稳压电源集成电路?

实训 五 可调输出三端集成稳压电源的组装与调试

一、实训目的

(1)熟悉可调三端集成稳压电源电路结构;
(2)学会电源性能指标的测试方法。

二、实训电路

实训的可调三端集成稳压电源电路如图4-17所示。

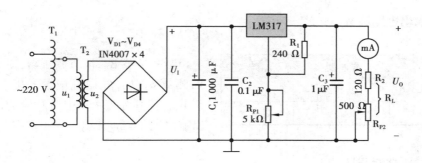

图4-17　可调三端集成稳压电源电路原理图

三、实训器材

数字万用表、毫伏表、电烙铁及电源套件,电源套件的具体元件清单见表4-3。

表4-3　电源套件的元件清单

序号	名　称	型号规格	位　号	数量
1	自耦调压器		T_1	1个
2	单相变压器	36 V	T_2	1个
3	二极管	IN4007	$V_{D1} \sim V_{D4}$	4只
4	电阻	240 Ω	R_1	1只
5	电阻	120 Ω	R_2	1只
6	电解电容	1 000 μF	C_1	1只
7	电解电容	1 μF	C_3	1只
8	电容	0.1 μF	C_2	1只
9	电位器	5 kΩ 精密	R_{P2}	1只
10	电位器	500 Ω 2 W	R_{P1}	1只
11	集成块	LM317(带散热器)		1块
12	万能电路板			1块

四、实训步骤

1. 电路组装

按图4-17在万能电路板上组装好电路。

2. 输出电压调节

表 4-4

参 数	数 据						调节范围
$R_{P1}/k\Omega$	0	1	2	3	4	5	
U_O							

断开负载 R_L，调节调压器，使 $u_1 = 220$ V，测量 u_2、U_I，并做好记录。接上 R_L，调节 R_{P1}，使其为表 4-4 中所对应的值时，测出输出电压 U_O，并填入表 4-4 中。

3. 稳压性能测试

调节调压器，使 $u_1 = 220$ V，调节 R_{P1} 使 $U_O = 15$ V，然后调节调压器，使 u_1 分别为以下值时，测出输出电压 U_O，填入表 4-5 中。

表 4-5

u_1/V	280	260	240	220	200	180	160
U_I							
U_O							
该稳压电源的稳压范围为（百分数）：							

学习小结

（1）集成稳压电源中，广泛使用的是三端集成稳压器，它分固定输出式和可调式两大类。固定输出式以 78 **（输出正）、79 **（输出负）为代表；可调式以 317（输出正）、337（输出负）为代表。

（2）开关稳压电源具有效率高、稳压范围宽、稳压精度高、体积小等优点。分为调宽式和调频式两种，开关稳压电源主要由整流滤波、高频振荡、变压、高频整流滤波、控制电路等电路构成。

学习评价

1. 判断题

（1）三端固定式集成稳压器有输出正电压的 78 ** 系列和输出负电压的 79 ** 系列两大类。　　　　　　　　　　　　　　　　　　　　　（　　）

（2）CW78M12 为国产的输出电压为 - 12 V，输出电流为 0.5 A 的三端稳压器。
　　　　　　　　　　　　　　　　　　　　　　　　　　　　（　　）

（3）LM7805 为美国国家半导体公司生产的输出电压为 5 V 的三端稳压器，不管输入电压是多少，它都能输出 +5 V 的电压。　　　　　　　　　（　　）

（4）开关式稳压电源效率高，可达 99% 以上。　　　　　　　　　（　　）

（5）调宽式开关稳压电源中，其直流平均电压 U_0 取决于矩形脉冲的宽度，脉冲越宽，其直流平均电压值就越低。　　　　　　　　　　　　　（　　）

2. 填空题

（1）三端固定式集成稳压器有输出 _____ 电压的 78 ∗∗ 系列和输出 _____ 电压的 79 ∗∗ 系列两大类。

（2）LM7912 为 _____ 公司生产，输出电压为 _____ V，输出电流为 _____ A 的三端稳压器。

（3）CW317L 是国产民用品，输出 _____ 电压，电流大小为 _____ A。

（4）开关式稳压电源按控制方式分为 _____ 式和 _____ 式两种。

（5）开关电源中控制电路为一脉冲宽度调制器，它主要由取样器、_____、振荡器、脉宽调制及基准电压等电路构成，用来调整高频开关元件的 _____，以达到稳定输出电压的目的。

3. 简答题

（1）图 4-18 为三端可调电源电路，简述各元件的作用，并计算 U_1 为 40 V、R_2 为 24 Ω 时的输出电压。

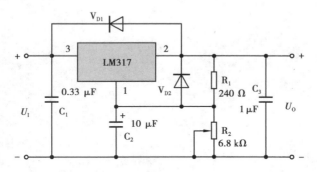

图 4-18

（2）开关稳压电源有什么优点？

4. 实作题

电路实际元件如图 4-19 所示，将其连接成输出 +12 V 的直流稳压电源。

图 4-19

*第**5**章

正弦波振荡电路

1. 知识目标

（1）记住自激振荡的条件，会判别正弦波振荡电路的类型；

（2）知道 RC、LC 振荡电路和石英晶体振荡电路的工作原理，会估算振荡频率。

2. 能力目标

（1）会安装和调试 RC 振荡器；

（2）能使用示波器观察正弦波振荡器的输出波形；

（3）会使用频率计测量频率；

（4）能排除振荡器的简单故障。

前面讲过,为了向电器供电,需要将交流电转变成直流电。相反,在很多电子设备中,需要将直流电转变成交流信号,如无线广播、通信设备的信息传输等。这种将直流电转变成交流信号的电路称为振荡电路。

第一节　振荡电路的组成

振荡电路是指在无外加激励信号的条件下,能自行将直流信号转化成一定频率、一定波形和一定幅度的交流信号的电路。振荡电路按输出信号波形的不同可分为两大类,即正弦波振荡电路和非正弦波振荡电路,这里主要讨论正弦波振荡电路。

一、正弦波振荡电路的组成及类型

1. 正弦波振荡电路的组成

正弦波振荡电路主要由放大电路、选频电路和正反馈网络 3 部分构成。将放大器的输出通过正反馈电路反送回输入端,使输入的信号增强从而形成振荡。正弦波振荡电路的组成如图 5-1 所示,其中,u_i 为输入信号,u_o 为输出信号,u_f 为反馈信号。在图 5-1(a)中,选频网络充当正反馈网络;图 5-1(b)中,选频网络与放大电路构成选频放大器。

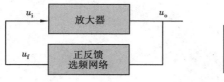

(a)选频网络充当正反馈网络　　　　　　(b)由选频放大器和正反馈网络
　　的正弦波振荡电路　　　　　　　　　　　构成的正弦波振荡电路

图 5-1　正弦波振荡电路框图

2. 正弦波振荡电路的类型

常用的正弦波振荡电路按构成选频网络的元件不同可分为 LC 振荡电路、RC 振荡电路和石英晶体振荡电路 3 类。

二、自激振荡的条件

自激振荡是不需要外来信号而靠振荡器内部正反馈维持的振荡,要起振必须满足幅度平衡和相位平衡两个条件。

1. 幅度平衡条件

幅度平衡条件指反馈信号的幅度必须满足一定数值,才能补偿振荡中的能量损耗。在振荡建立的初期,反馈电压 u_f 应大于输入电压 u_i,使振荡逐渐增强,振幅越来越大,最后趋于稳定。即使达到稳定状态,其反馈信号也不能小于原输入信号,才能保持等幅振荡。

设输入信号电压为 u_i,放大器电压放大倍数为 A_u,输出电压为 u_o,反馈电压为 u_f,反馈系数为 F, 为了保证起振,应使

$$A_u F \geqslant 1$$

这就是幅度平衡条件的表达式,它表明了在正弦波振荡电路中,电压放大倍数 A_u 和反馈系数的乘积不能小于 1,即至少应满足信号的衰减和放大程度相等。通俗地说:放大器必须能正常工作才能保持等幅振荡。

2. 相位平衡条件

相位平衡条件指放大器的反馈必须为正反馈,即反馈信号必须与输入信号同相位。

特别说明:上面在讲幅度平衡条件时提到了振荡器的输入电压(信号),实际上是自激振荡电路,它是没有外加输入信号的,那么这里谈到的输入电压是指的什么呢?是指振荡器在电源接通瞬间,电源电流产生波动,这一电流波动中含有频率范围很宽的噪声信号(冲击信号),这其中必有一个频率的噪声信号等于振荡频率,这就是上面所指的输入信号。这个信号被放大和正反馈,信号幅度越来越大,形成振荡信号,完成振荡器的起振过程,这就是起振的原理。

第二节　常用振荡器

一、LC 振荡电路

采用电感 L、电容 C 并联回路作为选频网络的振荡电路称为 LC 振荡电路,它主要用来产生高频正弦振荡信号,一般在 1 MHz 以上。根据反馈形式的不同,LC 振荡电路可分为变压器反馈式和电容三点式、电感三点式振荡电路。

1. 变压器反馈式振荡电路

（1）电路结构

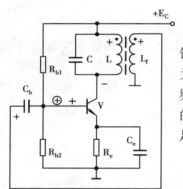

图 5-2　变压器反馈式振荡电路

典型的变压器反馈式振荡电路如图 5-2 所示。

L、L_f 是变压器的线圈,其中 L 为初级线圈,L_f 为反馈线圈,用来构成正反馈。L、C 构成并联谐振回路,作为放大器的负载,构成选频放大器。由于 LC 回路的选频作用,电路中只有等于谐振频率的信号能够得到足够的放大。只要变压器初、次间有足够的耦合度,就能满足振荡的幅度平衡条件,从而产生正弦波振荡。

（2）工作原理分析

①是否满足幅度平衡条件

一般来讲,幅度平衡条件容易满足,只要放大器处于正常放大状态且放大倍数足够即可。图 5-2 中,电源 E_C 经 R_{b1}、R_{b2} 分压后给 V 的基极加上偏置电压,E_C 经 L 给 V 集电极加上偏置电压,只要 R_{b1}、R_{b2} 阻值恰当（以后分析电路时可省略偏置元件的参数是否恰当的问题）,放大器处于放大状态,就满足幅度平衡条件。

②是否满足相位平衡条件（即是否满足正反馈条件）

用电压瞬时极性法来分析。图 5-2 中,设 V 的基极极性为"＋",则集电极（输出）为"－",根据线圈同名端可看出 L_f 上端为"＋",所以反馈到基极的电压极性为"＋",与输入信号同相位,故为正反馈,满足相位平衡条件。

综上所述,图 5-2 电路能产生振荡。

想一想

如果将图5-2中的C_b去掉,直接用导线将其连接,该电路还能产生振荡吗? 为什么?

(3)振荡频率

图5-2中,振荡频率决定于LC并联谐振回路的谐振频率f_0,即$f_0 \approx \dfrac{1}{2\pi\sqrt{LC}}$。

(4)变压器反馈式振荡电路的特点

变压器反馈式振荡电路的特点见表5-1。

表5-1　变压器反馈式振荡电路的特点

优 点	缺 点
①效率高、容易起振;	①体积大;
②调节频率方便;	②频率不能太高;
③便于实现阻抗匹配	③波形不太好

2. 三点式振荡电路

电容或电感(反馈部分)的3个端点分别接晶体管的3个极,故称为三点式振荡电路。三点式振荡电路主要分为电感三点式和电容三点式振荡电路,具体见表5-2所示。

表5-2　电感、电容三点式振荡电路

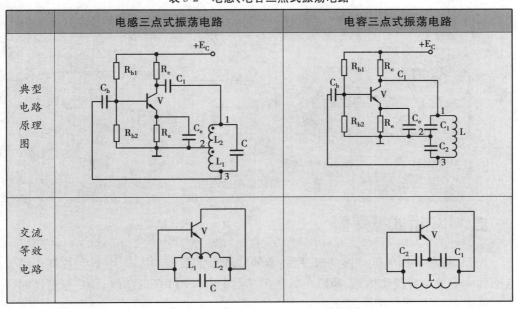

续表

	电感三点式振荡电路	电容三点式振荡电路
说明	三极管 V 构成共发射极放大电路,电感 L_1、L_2 和电容 C 构成正反馈选频网络	电容 C_1、C_2 和电感 L 构成正反馈选频网络,反馈信号取自电容 C_2 两端
振荡频率	$f_0 \approx \dfrac{1}{2\pi\sqrt{LC}} = \dfrac{1}{2\pi\sqrt{(L_1 + L_2 + 2M)C}}$ M 为线圈 L_1、L_2 之间的互感系数	$f_0 \approx \dfrac{1}{2\pi\sqrt{LC}} = \dfrac{1}{2\pi\sqrt{\dfrac{C_1 C_2}{C_1 + C_2}L}}$
优点	①易起振; ②易调节	①振荡频率高; ②振荡波形较好
缺点	输出取自电感,对高次谐波阻抗大,输出波形差	①调节频率时易造成停振; ②振荡三极管的极间电容影响谐振频率 f_0

在三点式振荡电路中,是否满足相位平衡条件可以用"射同基(集)反"的方法来简化判断,即对于 LC 谐振回路而言,只要三极管的发射极(集电极)接的是相同的元件(同为电感或同为电容),而基极接的是不同的元件(同时接电感和电容),则电路就满足相位平衡条件,否则不满足。

判断图 5-3 中各简化交流通路是否满足振荡的相位条件。

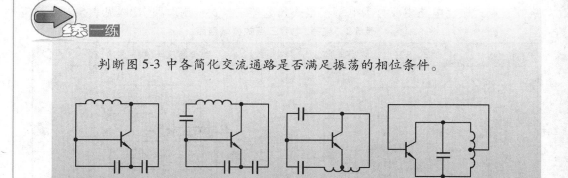

(a)　　　　　(b)　　　　　(c)　　　　　(d)

图 5-3　简化交流通路图

二、RC 桥式振荡器

当 LC 振荡器用于低频振荡时,所需要的 L 和 C 的数值均应很大,这种损耗小的大电感和大容量电容制作困难,所以在低频振荡器中常采用 RC 振荡器。RC 振荡器的选频网络由 RC 串、并联电路组成。

1. RC 串、并联网络的选频特性

RC 串、并联选频网络电路如图 5-4 所示。

RC 串、并联选频网络电路选频特性见表 5-3 所示。

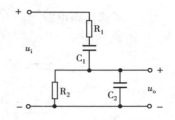

图 5-4　RC 串、并联选频网络

表 5-3　RC 串、并联选频特性

输入信号频率	特性分析	等效电路	结论
频率较低时	C_1、C_2 的容抗均很大。在 R_1、C_1 串联部分，R_1 上的分压可以忽略；在 R_2、C_2 并联部分，C_2 上的分流量可以忽略		频率越低，C_1 容抗越大，R_2 分压越少，u_o 幅度越小，且 u_o 超前 u_i 越多
频率较高时	C_1、C_2 的容抗均很小。在 R_1、C_1 串联部分，C_1 上的分压可以忽略；在 R_2、C_2 并联部分，R_2 上的分流量可以忽略		频率越高，C_2 容抗越小，R_1 分压越多，u_o 幅度越小，且 u_o 滞后 u_i 越多

由表 5-3 可知：当信号频率太高或太低时，输出信号 u_o 的幅度都很小。只有当信号频率 f 等于 RC 回路的选频频率 f_0 时，输出电压 u_o 幅度最大，且与输入信号 u_i 同相。所以，这样的 RC 回路具有选频作用。

记一记

理论和实践证明，当 $R_1 = R_2 = R$，$C_1 = C_2 = C$ 时，RC 串、并联选频回路的选频频率为

$$f_0 = \frac{1}{2\pi RC}$$

当信号频率 $f = f_0$ 时，$u_o = 1/3 u_i$。

2. RC 桥式振荡电路

（1）电路结构

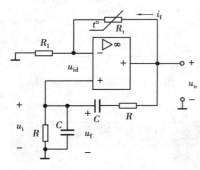

图 5-5　RC 桥式振荡电路

将 RC 串并联选频网络和放大器结合起来即可构成 RC 振荡电路,放大器可采用集成运放,电路如图 5-5 所示。

图中,R_1、R_t、RC 串联、RC 并联形成电桥的 4 个桥臂,运算放大器的输入端和输出端分别跨接在电桥的对角线上,故把这种振荡电路称为 RC 桥式振荡电路。其中,R_t 为具有负温度系数的热敏电阻,可以改善振荡波形、稳定振荡幅度。

（2）工作原理

假设同相输入端的瞬时极性为" + ",经集成运放放大,输出瞬时极性也为" + ",当 $f_0 = \dfrac{1}{2\pi RC}$ 时,经 RC 串并联网络送回同相输入端的信号瞬时极性也为" + ",满足相位平衡条件,只要 $AF > 1$,就能满足幅度平衡条件,所以电路能够起振。

（3）振荡频率的计算

振荡频率等于 RC 回路的选频频率,即

$$f_0 = \frac{1}{2\pi RC}$$

（4）RC 振荡电路的特点

RC 振荡电路的特点见表 5-4。

表 5-4　RC 振荡电路的特点

优　点	缺　点
输出信号频率可调范围宽	只能产生低频信号

三、石英晶体振荡器

1. 石英晶体振荡器件

天然石英是二氧化硅晶体,将它按一定的方位角切成薄片,称为石英晶体。在晶片的两个相对表面喷涂金属层作为极板,焊上引线作电极,再加上金属壳、玻壳或胶壳封装即构成石英晶体振荡器,如图 5-6 所示。石英晶体的结构和符号如图 5-7 所示。

石英晶体振荡器有一个固有频率 f_0,也称谐振频率。石英晶体振荡器的优点是:振荡频率高、精度高、频率稳定度极高;缺点是:振荡频率不易调整。石英晶体振荡器在电子钟、电子设备、通信数据传输等方面得到广泛应用。

图5-6　常见的石英晶体振荡器件

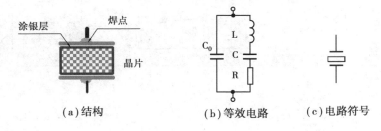

（a）结构　　　　（b）等效电路　　（c）电路符号

图5-7　石英晶体振荡器的结构和符号

 读一读

石英晶体振荡器

石英晶体振荡器是利用石英晶体（二氧化硅的结晶体）的压电效应制成的一种谐振器件，简称为石英晶体或晶体、晶振。石英晶体的压电效应：若在石英晶体的两个电极上加一电场，晶片就会产生机械变形。反之，若在晶片的两侧施加机械压力，则在晶片相应的方向上将产生电场，这种物理现象称为压电效应。注意，这种效应是可逆的。如果在晶片的两极上加交变电压，晶片就会产生机械振动，同时晶片的机械振动又会产生交变电场。在一般情况下，晶片机械振动的振幅和交变电场的振幅非常微小，但当外加交变电压的频率为某一特定值时，振幅明显加大，比其他频率下的振幅大得多，这种现象称为压电谐振，它与LC回路的谐振现象十分相似。它的谐振频率与晶片的切割方式、几何形状、尺寸等有关。石英晶体广泛应用于数字电视机顶盒、数字交换机、测试设备等高精度、高可靠通信设备，以及计算机、手机、音响、MP3、电子玩具等电子产品中。

2. 石英晶体振荡电路

常见的石英晶体振荡电路有并联型、串联型和集成电路型，具体见表5-5所示。

认一认

表 5-5　石英晶体振荡电路

	并联型石英晶体振荡电路	串联型石英晶体振荡电路	集成电路石英晶体振荡电路
电路图			
说明	石英晶体是放大器 V 的负载,电路的谐振频率接近于石英晶体的固有频率	电容 C_b 为旁路电容,对交流信号可视为短路。电路的第一级为共基放大电路,第二级为共集放大电路。只有在石英晶体呈纯阻性,即产生串联谐振时,反馈电压才与输入电压同相,电路才满足正弦波振荡的相位平衡条件。调整 R_f 的阻值,可使电路满足正弦波振荡的幅度平衡条件	有些集成电路有 $XTAL_1$、$XTAL_2$ 两个引脚,其内部有一个高增益的反相放大器,在其两端接上晶振后,就构成了自激振荡电路,并产生振荡脉冲,其频率就是晶振的固有频率。在实际应用中,通常还需要在晶振的两端和地之间各并上一个小电容,电容器 C_1、C_2 常称为微调电容,其作用有 3 个:快速起振、稳定振荡频率、微调振荡频率。 为了减少寄生电容的影响,更好地保证振荡器的稳定,在实际装配电路时,晶振和电容 C_1、C_2 应尽可能地安装在 $XTAL_1$、$XTAL_2$ 引脚附近
实物图			

有哪些集成电路可以外接一个晶体振荡器和两个电容构成振荡电路?

实训 六 高温报警器的制作

一、实训目的

（1）知道 RC 正弦波振荡器的工作原理；
（2）学会对 RC 正弦波振荡器的调试和测量。

二、实训电路

实训电路如图 5-8 所示。R_1、R_{P2}、V_2、V_3、C_2 构成 RC 振荡器，温度低时，R_t 阻值小，V_1 截止，电路不能构成回路，所以不工作；当温度升高到一定程度后，R_t 阻值变大，V_1 导通，电路构成回路，RC 电路工作，扬声器发声。R_{P1} 可调节报警温度，R_{P2} 可调节报警声音的音调。

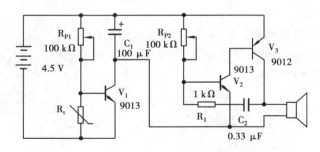

图 5-8　简易高温报警电路原理图

三、实训器材

数字万用表、双踪示波器、频率计、温度计、电烙铁及简易高温报警电路套件，套件具体元件清单见表5-6所示。

表5-6　简易高温报警电路套件元件清单

序号	名　　称	型号规格	位　号	数量
1	电池	1.5 V		3 节
2	电阻	1 kΩ	R_1	1 只
3	电解电容	100 μF	C_1	1 只
4	电容	0.33 μF	C_2	1 只
5	电位器	100 kΩ 精密	R_{P1}、R_{P2}	2 只
6	三极管	9013	V_1、V_3	2 只
7	热敏电阻		R_t	1 只
8	万能电路板			1 块
9	扬声器	8 Ω		1 个

四、实训步骤

1. 电路安装

用万能板将图5-16连接,将热敏电阻用导线连接安装在电路板外面。

2. 调试与测量

(1)将 V_1 的集电极和发射极短接,调节 R_{P2},观察 R_{P2} 在哪个范围内电路能够起振(扬声器发声),用频率计测出起振频率范围。起振后用示波器测量出扬声器两端的波形,看是什么信号。

(2)将 V_1 的集电极和发射极断开,对热敏电阻加热,同时用温度计监测温度,调节 R_{P1},使温度在 80 ℃ 的时候报警器发声,测量此时 R_{P1} 的值。

(3)如果要提高报警温度,R_{P1} 是增大还是减小?

学习小结

(1)正弦波振荡电路由放大电路、正反馈网络和选频网络 3 部分组成,振荡的条件包括相位平衡条件(正反馈)和幅度平衡条件($A_u F \geqslant 1$)。

(2)常用振荡器类型、电路图及优缺点见表5-7所示。

表 5-7　常用振荡器

类型		电路图	振荡频率	优点	缺点
L C 振 荡 器	变压器反馈式		$f_0 \approx \dfrac{1}{2\pi\sqrt{LC}}$	效率高,容易起振,调节频率方便,便于实现阻抗匹配	体积大,频率不能太高,波形不太好
	电感三点式		$f_0 = \dfrac{1}{2\pi\sqrt{(L_1+L_2+2M)C}}$	易起振,易调节	对高次谐波阻抗大,输出波形差
	电容三点式		$f_0 \approx \dfrac{1}{2\pi\sqrt{LC}} = \dfrac{1}{2\pi\sqrt{\dfrac{C_1 C_2}{C_1+C_2}L}}$	振荡频率高,波形较好	调节频率时易停振;振荡管的极间电容影响谐振频率 f_0
RC 振荡器			$f_0 = \dfrac{1}{2\pi RC}$	输出信号频率可调范围宽	只能产生低频信号
石英晶体振荡器			振荡频率等于石英晶体的固有频率	振荡频率高、精度高、频率稳定度极高	振荡频率不易调整

学习评价

1. 判断题

(1) 正弦波振荡电路的选频网络只能放在放大电路中。　　　　　　　　( )

(2) 自激振荡是指不需要外来信号而靠振荡器内部正反馈维持的振荡。要起振必须满足幅度平衡和相位平衡两个条件,相位平衡条件指放大器的反馈必须为正反馈。　　　　　　　　　　　　　　　　　　　　　　　　　　　　　　( )

(3) 电感三点式振荡电路振荡频率非常稳定、频率不能调整。　　　　　( )

(4) RC 振荡器的选频网络是由 RC 串联电路组成的。　　　　　　　　( )

2. 填空题

(1) 振荡电路是指在＿＿＿＿＿＿＿＿＿＿的条件下,能自行将＿＿＿＿＿＿＿＿转化成一定频率、一定波形和一定幅度的＿＿＿＿＿＿＿＿的电路。

(2) 正弦波振荡电路主要由放大电路、＿＿＿＿＿＿＿＿和＿＿＿＿＿＿＿＿3 部分构成。

(3) 自激振荡是指不需要外来信号而靠振荡器内部正反馈维持的振荡,要起振必须满足＿＿＿＿＿＿＿＿和＿＿＿＿＿＿＿＿两个条件。

(4) 正弦波振荡电路按构成选频网络的元件不同可分为＿＿＿＿＿＿＿＿、＿＿＿＿＿＿＿＿和＿＿＿＿＿＿＿＿振荡电路。

(5) 采用电感 L、电容 C 并联回路作为选频网络的振荡电路称为 LC 振荡电路,根据反馈形式的不同,LC 振荡电路可分为＿＿＿＿＿＿＿＿和＿＿＿＿＿＿＿＿、＿＿＿＿＿＿＿＿振荡电路。

(6) 石英晶体振荡器的振荡频率等于石英晶体的＿＿＿＿＿＿＿＿频率。

3. 简答题

(1) 简述变压器反馈式振荡电路的特点。

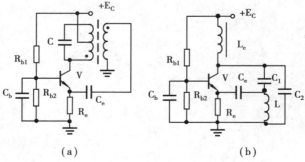

(a)　　　　　　　　　　(b)

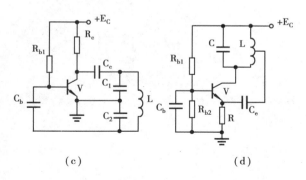

图 5-9

（2）简述 RC 振荡电路的特点。

（3）简述石英晶体振荡电路的特点。

（4）在图 5-9 所示的各电路中，哪些能振荡？哪些不能振荡？为什么？若能振荡，说明振荡电路的类型。

4. 计算题

计算图 5-10 的振荡频率。

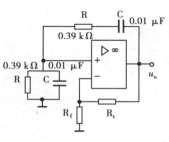

图 5-10

*第六章

高频信号处理电路

1. 知识目标

（1）知道无线电发送和接收的原理；

（2）记住调幅与检波的方法；

（3）记住调频与鉴频的方法；

（4）知道变频器的功能与工作原理。

2. 能力目标

（1）会安装和调试收音机；

（2）能使用示波器观察收音机关键点的波形；

（3）能排除收音机的简单故障。

各种声音（如说话声、音乐声等）本身的传播距离是有限的，如某人在大声吼叫时，其他人能在 30 米开外听清楚已是非常不易了。而通过无线电广播，声音却可以传到上千千米、上万千米以外，而且传送的时间是可以忽略不计的。这种神奇的效果是怎样实现的呢？学习本章后你将会明白。

第一节　调幅与检波

　　无线电广播可以把声音传到上千千米、上万千米以外，而且传送的时间可以忽略不计的，这并不是由声音本身所做到的，而是把声音"搭载"在无线电波上实现的。

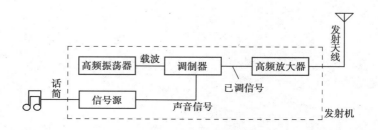

图 6-1　无线电发射示意图

　　无线电广播是利用无线电波作为传送工具，将声音传送到很远地方去的信号传送方式。图 6-1 是无线电广播的示意图。

　　在发送端，把声音低频信号"搭载"在无线电波上，也就是用低频信号去控制高频信号的过程，称为调制，再以高频电磁波的形式向空中发送出去，这就是无线电广播。被当作传播工具的无线电波（高频信号）称为"载波"，低频信号称为调制信号。经过调制后输出已调信号，已调信号是受调制信号控制的。常用的把低频信号调制到载波上的方式有两种：调幅和调频。

　　在接收端，需要将空间传来的无线电波接收下来，并把它还原成声音信号。

　　接收机通过调谐回路，选择出所需要的电台信号，由检波器从已调制的高频信号中还原出低频信号。还原低频信号的过程称为解调。解调是调制的反过程,常用的解调电路是检波器和鉴频器,还原出来的低频信号,经过音频放大器放大,最后由扬声器重放出声音,其过程如图6-2所示。

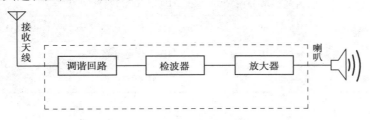

图 6-2　无线电接收示意图

一、调幅

如果载波的幅度被低频信号控制,这种调制方式称为调幅(AM)。被调幅后的信号称为调幅波(或称调幅信号),如图6-3所示。

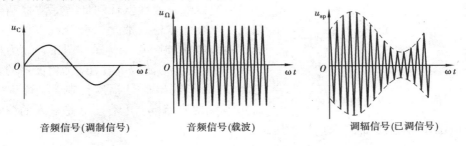

图 6-3　调幅波波形

　　调幅波的特点:频率与载波的频率一致,包络线波形与调制信号的波形一致。
　　调幅的过程:常利用二极管或三极管的非线性特点来实现。

调幅广播按照使用频率范围的不同可分为长波、中波、短波,相对应的英文简称为LW、MW、SW。此外,无线广播还有调频广播(FM)方式。无线广播的频率范围见表6-1所示。

表6-1 无线广播的频率范围

无线广播		频率范围
调幅(AM)	长波(LW)	150～540 kHz(我国未用)
	中波(MW)	540～1 700 kHz(我国广播为:535～1 605 kHz)
	短波(SW)	1.8～26.1 MHz(非连续使用)
调频(FM)		87～108 MHz

二、检波

从调幅信号中还原出调制信号的过程称为检波,完成检波任务的电路称为检波器。

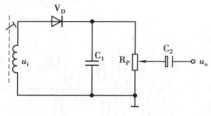

图6-4 二极管检波电路

1.晶体二极管包络检波电路

检波器由非线性器件和低通滤波器两部分组成。非线性器件一般是二极管或三极管。二极管检波电路如图6-4所示。图中,V_D为检波二极管,C_1为低通滤波电容,R_P为检波器的负载电阻,并兼作输出信号幅度控制器(音量电位器),C_2为隔直流耦合电容。u_i是输入的调幅波信号电压,u_o是输出的音频信号电压。

2.二极管包络检波原理

由于二极管的单向导电性(信号的正半周导通,负半周截止),因此,调幅信号经检波二极管V_D后,变成半个中频调幅信号,如图6-5(b)所示,其成分包括直流分量、音频分量和残余的中频分量。再经由C_1和R_P组成的低通滤波器滤除残余的中频成分后,便可得到中频调幅波的包络线,即音频信号和直流分量的迭加,如图6-5(c)所示。最后再经R_P、C_2耦合,去掉音频信号中的直流成分,得到音频信号输出,如图6-5(d)所示。

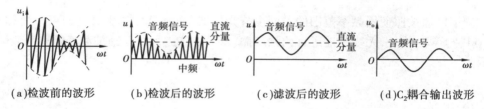

(a)检波前的波形　　(b)检波后的波形　　(c)滤波后的波形　　(d)C_2耦合输出波形

图6-5 检波前后的信号波形

想一想

你见过的调幅收音机是怎样的？分了长波、中波和短波么？

第二节　调频与鉴频

一、调频

如果载波的频率被低频信号控制,这种调制称为调频(FM),被调频后的信号称为调频波(或称调频信号),如图 6-6 所示。

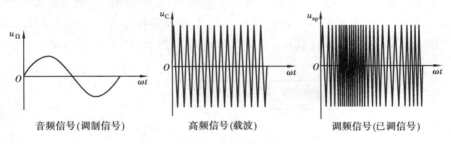

音频信号(调制信号)　　　高频信号(载波)　　　调频信号(已调信号)

图 6-6　调频波波形

记一记

    调频波的特点:幅度与载波的幅度一致;频率随着调制信号的波形变化而发生变化,信号的幅度越大,频率越高(波形越密);信号幅度越小,频率越小(波形越稀)。

国际标准规定调频广播的频率范围为 87～108 MHz。调频广播与调幅广播的性能参数的比较见表 6-2 所示。

表 6-2 调频广播与调幅广播的性能参数比较

性 能	调 频	调 幅
电路结构	调制与解调电路均较复杂	调制与解调电路均较简单
抗干扰能力	强(用限幅的方法消除干扰)	弱(不能用限幅法消除干扰信号)
音质	较好(音频范围较宽)	较差(音频范围较窄)
中频频率	10.7 MHz	465 kHz
通频带	一般规定为 200 kHz	一般规定为 10 kHz

二、鉴频

　　从调频波中解调出原来调制信号的过程称为鉴频,实现鉴频的电路称为鉴频器,也称为频率检波器。常见的鉴频器有斜率鉴频器、相位鉴频器、比例鉴频器等,它们的工作原理基本相同,都是先将等幅调频信号送入幅频转换电路,变换成幅度与频率成正比变化的调幅-调频信号,然后用包络检波器进行检波,还原出原调制信号,这一过程如图 6-7 所示。

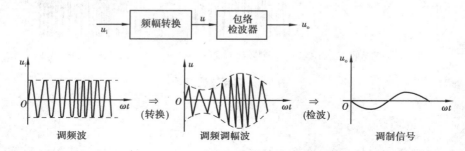

图 6-7 鉴频器原理图

图 6-8 为鉴频器实物电路板,现在绝大多数鉴频器都封装在集成电路中。

图 6-8 集成鉴频器

查一查

你所接触的收音机是调频收音机、调幅收音机还是调频调幅收音机,主要用了哪些型号的集成电路?

第三节　变频器

一、变频器的功能

在无线电广播的接收中,如果完全按照图 6-2 所示的方式,由调谐回路接收电台信号,然后就由检波电路解调出音频信号,经放大后送扬声器重放声音,这种简易方式的收音效果是非常差的,只在简易收音装置和早年的矿石收音机中采用。真正实用的收音机在检波前对接收到的高频已调信号进行足够的放大(一般需要 2～3 级放大器),保证收音的灵敏度和抗干扰性,使收音的效果良好,其示意图如图 6-9 所示。

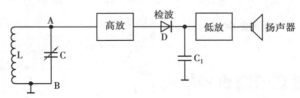

图 6-9　简单收音机方框图

简单收音机为了提高灵敏度指标增加了高放级,但高放级级数的增加是有限度的,如果为了提高灵敏度而加多高放级,不但调试困难,更易发生寄生振荡。另一个原因在于:各个电台所处的频率不同,要求收音机收台的频率范围是很宽的,而晶体管电路对高中低频带的表现不同,这就造成了整个收音频带内的指标不和谐,有的台能收到,有的收不到,或者干扰大、噪音大等。

为了保证整个收音频带内的电台收音效果都较好,采用了中频放大的方式,即把分散在各个频率点的电台信号,在收音机里都变成一个固定的频率(这个频率

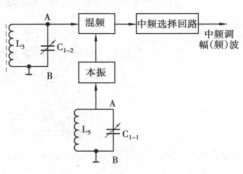

图 6-10　变频器

称中频)信号,这样就能很好地加以放大。

完成这个频率变换功能的电路称为变频器,如图 6-10 所示。变频器由混频和本振两部分组成,天线经输入回路送来的电台信号 f_s 送入混频电路,同时本振电路产生一个本机振荡信号 f_o 也送入混频电路,两个信号在混频电路中差频得到固定中频信号 f_I ($f_I = f_o - f_s$),经过中频选择回路选出,送往后级。由于本振信号总比外电台信号高一个固定中频,所以采用这种方式的收音机称为超外差式收音机。

二、三极管变频器

在实际的收音机中,一般采用三极管变频电路,如图 6-11 所示。变频电路仍然由混频、本振两部分组成,完成将不同频率的输入信号变成频率固定的中频信号(465 kHz 或 10.7 MHz)。图中,V_1、L_4、L_3、C_{2b} 组成本机振荡电路,产生一个比输入信号频率高一个固定中频的等幅振荡信号。输入电台信号和本振信号在 V_1 中进行混频,利用晶体管的非线性,产生各种频率的电信号,再通过负载谐振回路(T_1、C_5),从众多频率的信号中选出中频信号,送至中频放大级放大。

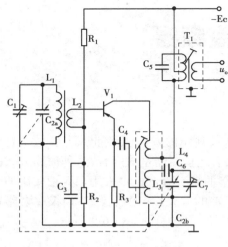

图 6-11　三极管变频电路

三、超外差式收音机的组成

超外差式收音机是将收到的外电台信号通过变频级变成一个固定的中频(调幅为 465 kHz,调频为 10.7 MHz)信号,然后由多级中频放大级进行放大,再进行检波还原音频信号。超外差式收音机的组成方框图如图 6-12 所示。

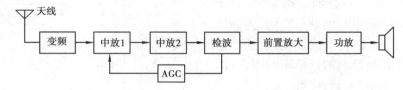

图 6-12　超外差式收音机电路组成框图

图中的"AGC"称为自动增益控制,该电路的作用是自动调节中放级的增益,保证在收强弱不同的电台信号时,检波输出信号的幅度大致相等。

读一读

收音机发展史上的几件大事

　　1923 年 1 月 23 日，美国人在上海创办中国无线电公司，播送广播节目，同时出售收音机，以美国生产收音机为最多，其种类一是矿石收音机，二是电子管收音机。

　　1953 年，中国研制出第一台全国产化收音机（"红星牌"电子管收音机），并投放市场。

　　1956 年，研制出中国第一只锗合金晶体管。

　　1958 年，我国第一部国产半导体收音机研制成功。

　　1965 年，半导体收音机的产量超过了电子管收音机的产量。

　　1980 年左右是收音机市场发展的高峰时期。

　　1982 年，出现了集成电路收音机、硅锗管混合线路收音机、音频输出采用 OTL 电路的收音机。

　　1985—1989 年，随着电视机和录音机的发展，晶体管收音机销量逐年下降，电子管收音机也趋于淘汰。收音机款式从大台式转向袖珍式。

  实训　七　调幅调频收音机的组装与调试

一、实训目的

（1）学会分析调幅调频收音机各部分电路的作用和组成；
（2）学会识别和检测调幅调频收音机的各种元器件；
（3）学会安装和调试调幅调频收音机。

二、实训电路

实训电路如图 6-13 所示。中波信号由 L_1 与 C_A 组成的输入回路选择后进入 IC 内⑩脚，在 IC 内部与本振信号混频；本振由 T_1 与 C_B 及 IC 的⑤脚内部振荡电路组成，混频后的 465 kHz 差频信号由 IC 的⑭脚输出，经中周 T_3 和陶瓷滤波器 CF_1 选频后从⑯

脚进入中放、检波，然后由㉓脚输出音频信号，再经 C_{15} 耦合至㉔脚进行音频放大，最后由㉘脚输出至扬声器。调频信号由 TX 接收，经 C_1 送入 IC 的⑫脚进行高放、混频，⑨脚外接 C_C 调谐回路选频，⑦脚外接 C_D 本振回路，混频后的信号由⑭脚输出经 10.7 MHz 陶瓷滤波器 CF_2 选频后进入⑰脚进行中放，并经内部鉴频，IC 的②脚外部接鉴频网络，鉴频后的音频信号也由㉓脚输出，再经 C_{15} 耦合至㉔脚进行音频放大，最后由㉘脚输出至扬声器。

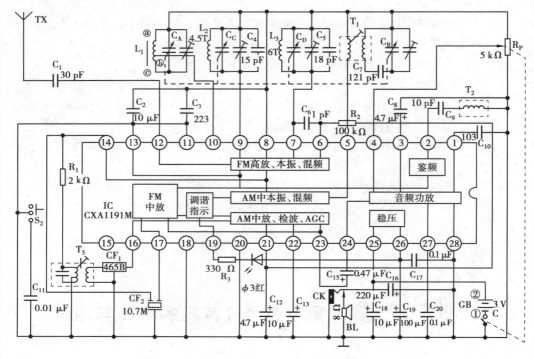

图 6-13　调幅调频收音机原理图

三、实训器材

万用表、示波器、电烙铁及收音机套件，套件的具体元件清单见表 6-3。

表 6-3　收音机套件的元件清单

序　号	名　　称	型号规格	位　号	数　量
1	集成块	CXA1191M	IC	1 块
2	发光二极管	φ3 红	LED	1 只
3	三端陶瓷滤波器	465B	CF_1	1 只
4	三端陶瓷滤波器	10.7 MHz	CF_2	1 只

续表

序 号	名 称	型号规格	位 号	数 量
5	中波振荡变压器	红色	T_1	1 只
6	中波中频变压器	黑色	T_3	1 只
7	调频中频滤波器	蓝色 10.7 MHz	T_2	1 只
8	磁棒线圈	55×13×5	$5L_1$	1 只
9	调频天线线圈	φ6×4 圈	L_2	1 只
10	调频振荡线圈	φ3×6 圈	L_3	1 只
11	色环电阻	330 Ω	R_3	1 只
12	色环电阻	2 kΩ、100 kΩ	R_1、R_2	各 1 只
13	电位器	5 kΩ	R_{P1}	1 只
14	瓷片电容	1 pF、10 pF	C_6、C_9	各 1 只
15	瓷片电容	15 pF、18 pF	C_4、C_5	各 1 只
16	瓷片电容	30 pF、120 pF	C_1、C_7	各 1 只
17	瓷片电容	103	C_{11}	1 只
18	瓷片电容	223 或 203	C_3、C_{10}	2 只
19	瓷片电容	104	C_{17}、C_{20}	2 只
20	电解电容	0.47 μF	C_{15}	1 只
21	电解电容	4.7 μF	C_8、C_{12}	2 只
22	电解电容	10 μF	C_2、C_{13}、C_{18}	3 只
23	电解电容	100 μF	C_{16}、C_{19}	2 只
24	四联电容器	CBM-443DF	SL	1 只
25	扬声器	φ58 mm	BL	1 个
26	波段开关		S_2	1 只
27	拉杆天线		TX	1 根
28	耳机插座	φ2.5 mm		1 个
29	印制电路板			1 块
30	刻度板			1 块
31	图纸装配说明书			1 份
32	连体簧、负极簧片、正极片	3 件		1 套

续表

序　号	名　　称	型号规格	位　号	数　量
33	连接导线	电池、喇叭、天线、J		6 根
34	平头机螺丝	2.5 × 5		4 颗
35	自攻螺丝	2 × 5		1 颗
36	圆头机螺丝	1.6 × 5		1 颗
37	焊片、螺母	3.2,2.5		各 1 个
38	前后盖、大小拔盘、磁棒支架			1 套

四、实训步骤

1. 电路安装

按照图 6-14 安装好收音机的各部分零件。

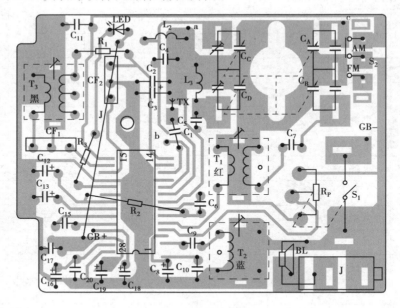

图 6-14　收音机 PCB 板图

四联电容器外形引脚示意图如图 6-15 所示。

2. 电路调试和测量

焊接完成检查无误后,测量整机电流,整机电流正常后就可正常收听广播。L_1 和 T_1 分别调整调幅高频部分(配合 C_A 顶端的微调)的覆盖和中波振荡频率(配合 C_B 顶端的微调),T_3 调中频频率;L_2 和 L_3 分别调整调频高频部分的覆盖(配合 C_C 顶端的微

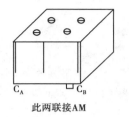

图 6-15　四联电容器外形引脚示意图

调)和振荡频率(配合 C_D 顶端的微调),T_1、T_2、T_3 一般在出厂前均已调好,所以在安装时一般不用调节。

当 AM、FM 都能正常收听电台的时候,用示波器分别测量 IC 的⑫、⑭、㉓和㉔脚的波形并进行分析,与前面学习的是否一致。

(1)在发送端,把声音"搭载"在无线电波上,也就是用低频信号去控制高频信号的过程称为调制。如果载波的幅度被低频信号控制,这种调制称为调幅(AM)。被调幅后的信号称为调幅波,如果载波的频率被低频信号控制,这种调制称为调频(FM),被调频后的信号称为调频波(或称调频信号)。

(2)接收机通过调谐回路选择出所需要的电台信号,由检波器从已调制的高频信号中还原出低频信号,经过音频放大器放大,最后由扬声器重放出声音。

(3)在调幅收音机中,从已调信号中检出调制信号的过程称为检波。

(4)在调频收音机中,从已调信号中解调出调制信号的过程称为鉴频。

(5)把分散在各个频率点的电台信号,在收音机里都变成一个固定的频率(这个频率称中频)信号,完成这个频率变换功能的电路称为变频器,变频器由混频和本振两部分组成。

(6)超外差式收音机由变频、中放、检波、AGC、前置放大、功放和扬声器构成。

学习评价

1. 判断题

(1)常用的把低频信号调制到载波上的方式有调幅和调频两种。　　　(　　)

(2)从调频波中解调出原来调制信号的过程称为鉴频。　　　(　　)

(3)调频收音机比调幅收音机的抗干扰能力强。　　　(　　)

(4)检波只能用二极管完成。　　　(　　)

(5)调幅收音机的中频频率为465 MHz。　　　(　　)

2. 填空题

(1)在发送端,把声音"搭载"在无线电波上,也就是用低频信号去控制高频信号的过程称为_____。如果载波的幅度被低频信号控制,这种调制称为_____(AM)。

(2)调幅波的频率与载波的频率_____,包络线波形与调制信号的波形_____。常利用二极管或三极管的_____特点来实现调幅。

(3)如果载波的频率被低频信号控制,这种调制称为_____(FM),被调频后的信号称为_____波。

(4)国际标准规定调频广播的频率范围为_____。

(5)为了保证整个收音频带内的电台收音效果都较好,采用了中频放大的方式,即把这些分散在各个频率点的电台信号,在收音机里都变成一个固定的频率(这个频率称中频)信号,这样就能很好地加以放大了。完成这一功能的电路称为_____。

3. 简答题

(1)简述收音机发射和接收的原理。

(2)简述调频与调幅的性能差别。

4. 作图题

画出调幅收音机框图。

*第七章

晶闸管及应用电路

1. 知识目标

（1）记住单向晶闸管的管脚功能和特殊晶闸管的管脚功能；

（2）懂得单向晶闸管的工作原理，知道特殊晶闸管的特点；

（3）知道单向晶闸管和特殊晶闸管的应用领域。

2. 能力目标

（1）会识别晶闸管的管脚，能够判断晶闸管的好坏；

（2）会组装和调试调光台灯；

（3）能分析单向晶闸管应用电路并能排除简单故障。

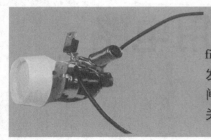

晶闸管俗称可控硅（Silicon Controlled Rectifier，SCR）。自20世纪50年代问世以来，已经发展成了一个大的家族，它的主要成员有单向晶闸管、双向晶闸管、光控晶闸管、逆导晶闸管、可关断晶闸管、快速晶闸管等。

第一节　单向晶闸管及其应用

一、晶闸管常识

1. 晶闸管的基本结构和符号

晶闸管是晶体闸流管的简称，也称为可控硅（SCR），它是一种可控制的开关器件。晶闸管的种类很多，可分为单向晶闸管、双向晶闸管、可关断晶闸管等，我们先学习单向晶闸管。单向晶闸管有3个引出脚，其内部是4个半导体区间，构成3个PN结，如图7-1(a)所示。由 P_1 和 N_2 引出的电极分别称为阳极A和阴极K，是主电极；由 P_2 引出的电极称为控制极G。单向晶闸管的电路符号如图7-1(b)所示，其文字符号为 V_S。

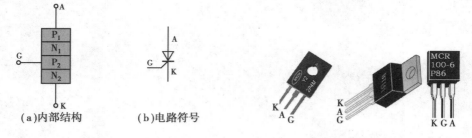

（a)内部结构　　　　（b)电路符号

图7-1　单向晶闸管的结构及符号

图7-2　单向晶闸管的外形和引脚排列

2. 单向晶闸管的外形和引脚

单向晶闸管的封装形式很多，引脚排列也不一致，常见的外形和管脚排列如图7-2所示。

3. 单向晶闸管的特性

为了学习晶闸管的特性，我们先来做一个实验。

 做一做

（1）晶闸管导通和关断仿真实验一

见表7-1所示，将晶闸管 V_s 与小灯泡串联起来，通过开关 S_1 接在直流电源上。注意阳极 A 接电源的正极，阴极 K 接电源的负极，控制极 G 通过开关 S_2 接直流电源的正极。

表7-1 晶闸管导通和关断仿真实验一

	关 断	导 通	保持导通	关 断
示意图				
说明	闭合 S_1，小灯泡不亮，说明晶闸管没有导通	再闭合 S_2，小灯泡亮了，说明晶闸管导通	断开 S_2，小灯泡仍然亮，说明晶闸管保持导通	断开 S_1，灯泡熄灭，说明晶闸管关断；再闭合 S_1，灯泡仍然不亮，说明晶闸管没有导通

（2）晶闸管导通和关断仿真实验二

为了进一步掌握晶闸管的特性，我们在电路中串一个电位器，见表7-2所示。

表7-2 晶闸管导通和关断仿真实验二

	关 断	导 通	保持导通	关 断
示意图				
说明	电位器滑在最上端，闭合 S_1、S_2，小灯泡不亮，说明晶闸管没有导通	电位器往下滑到一定程度，小灯泡亮了，说明晶闸管导通	断开 S2，小灯泡仍然亮，说明晶闸管保持导通	电位器往上滑，灯泡熄灭，再往下滑，灯泡仍然不亮，说明晶闸管没有导通

由此我们可以得出单向晶闸管的导通和关断条件,见表7-3所示。

表7-3　单向晶闸管的导通和关断条件

状　态	条　件	说　明
从关断到导通	①阳极电位高于阴极电位; ②控制极有足够的正向电压(称为触发电压)	两者缺一不可
维持导通	①阳极电位高于阴极电位; ②阳极电流大于维持电流	两者缺一不可
从导通到关断	①阳极电位低于阴极电位; ②阳极电流小于维持电流	任一条件即可

所以,晶闸管一旦触发导通,就能维持导通状态,控制极失去作用,要使导通的晶闸管关断,只能减小阳极电流,使它变到维持电流以下,晶闸管才会关断。

4. 单向晶闸管的识别与检测

这里介绍用指针式万用表测量单向晶闸管的测试方法,见表7-4所示。

表7-4　单向晶闸管的检测

测试项目	示意图	方法说明
管脚判断	G A 黑 K 红 R×1kΩ + -	用指针万用表R×1 kΩ挡,红、黑两表笔分别测任意两引脚间正、反向电阻,6次测量中只有一次读数小,此时黑表笔接的引脚为控制极G,红表笔的引脚为阴极K,另一脚为阳极A
好坏判断	R×1kΩ + - 黑 A G 红 K	用指针万用表R×1 Ω挡,黑表笔接A,红表笔接K,此时万用表指针应不动。黑表笔在不断开与A连接的同时去碰触G,此时万用表读数变小;黑表笔在不断开A的情况下断开与G的连接,读数仍然小,说明此晶闸管可用

 想一想

如何用万用表区分三极管和单向晶闸管？

二、单向晶闸管的应用

单向晶闸管广泛用于可控整流、交流调压、直流逆变等电路,由晶闸管又可派生出多种不同功能特点的器件,其应用范围更加广泛。

1. 单向晶闸管可控整流电路

将单相桥式整流电路中的 V_{D3}、V_{D4} 分别用单向晶闸管 V_{S1}、V_{S2} 替代,其余两只二极管不变,形成单相桥式晶闸管可控整流电路,如图 7-3(a)所示。

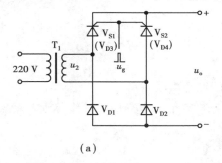
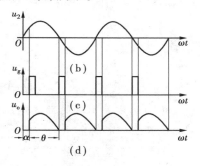

图 7-3 单向晶闸管可控整流电路及波形图

只有当触发信号加入晶闸管时,它才会导通,而每当交流电压过零时,晶闸管又被关断,故可以调整晶闸管的导通角来改变整流电压的平均值大小。下面我们来看它的整流原理。

当 u_2 为正半周时,晶闸管 V_{S1} 和 V_{D2} 承受正向电压,设 $\omega t = \alpha$ 时,加入触发电压 u_g,V_{S1} 和 V_{D2} 导通,电流通过 V_{S1}、R_L、V_{D2} 形成回路,R_L 上得到上"+"下"−"的电压;在 $\omega t = \pi$ 时,因阳极电位为 0,V_{S1} 关断。

当 u_2 为负半周时,晶闸管 V_{S2} 和 V_{D1} 承受正向电压,设 $\omega t = \pi + \alpha$ 时,加入触发电压 u_g,V_{S2} 和 V_{D1} 导通,电流通过 V_{S2}、R_L、V_{D1} 形成回路,R_L 上得到上"+"下"−"的电压;在 $\omega t = 2\pi$ 时,u_2 又过零,V_{S2} 关断。如此循环往复,得到图 7-3(d)所示的整流输出波形。

式中 α 为晶闸管的控制角,图中 θ 为晶闸管的导通角,只要改变晶闸管的导通角,就能输出不同的直流电压。

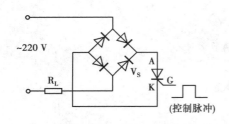

图7-4　单向晶闸管交流调压电路

2. 单向晶闸管交流调压电路

单向晶闸管交流调压电路如图7-4所示。负载 R_L 串接在交流回路中，流过它的电流受控于单向晶闸管 V_S 的导通与截止时间长短。交流电压经整流后加在 V_S 的 A—K 之间，电压 U_{AK} 是单向脉动电压。只要改变单向晶闸管导通角 θ 的大小，就可以改变负载 R_L 两端交流电压的有效值，达到交流调压的目的。

我们日常生活中有哪些地方用到单向晶闸管？

晶闸管使用的注意事项

（1）选用晶闸管的额定电压时，应参考实际工作条件下的峰值电压的大小，并留出一定的余量。

（2）选用晶闸管的额定电流时，除了考虑通过元件的平均电流外，还应注意正常工作时导通角的大小、散热通风条件等因素。在工作中还应注意管壳温度不超过相应电流下的允许值。

（3）使用晶闸管之前，应该用万用表检查晶闸管是否良好。发现有短路或断路现象时，应立即更换。

（4）严禁用兆欧表（即摇表）检查晶闸管的绝缘情况。

（5）电流为 5 A 以上的晶闸管要装散热器，并且保证所规定的冷却条件。为保证散热器与晶闸管接触良好，它们之间应涂上一层有机硅油或硅脂，以便于散热。

（6）要按规定对主电路中的晶闸管采用过压及过流保护。

（7）要防止晶闸管控制极的正向过载和反向击穿。

第二节 双向晶闸管和特殊晶闸管

一、双向晶闸管

单向晶闸管实质上属于直流控制器件,要实现交流控制,必须将两只单向晶闸管反极性并联,让每只晶闸管控制一个半波,这就需要两个独立的触发电路,使用不方便。双向晶闸管是在普通晶闸管的基础上发展起来的,它不仅能代替两只反极性并联的晶闸管,而且仅需一个触发电路,是目前比较理想的交流开关器件,其英文名称为TRIAC,即三端双向交流开关。

1. 双向晶闸管的结构与符号

双向晶闸管的结构与符号如图7-5所示。

双向晶闸管有3个电极,分别是第一阳极 T_1、第二阳极 T_2 和控制极 G。因该器件可以双向导通,故除控制极 G 以外的两个电极统称为主端子,用 T_1、T_2 表示,不再划分成阳极或阴极。其特点是:当 G 极和 T_2 极相对于 T_1 的电压均为正时,晶闸管导通,电流由 T_2 流向 T_1;反之,当 G 极和 T_2 极相对于 T_1 的电压均为负时,晶闸管导通,电流由 T_1 流向 T_2。

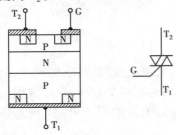

图7-5 双向晶闸管的结构及符号

图7-6 双向晶闸管外形及管脚排列

2. 双向晶闸管的外形及管脚排列

双向晶闸管的封装形式很多,引脚排列也不一致,常见的外形和管脚排列如图7-6所示。

3. 双向晶闸管的检测

将万用表置于 R×1 Ω 挡,测试方法见表7-5。

表7-5　双向晶闸管的检测

测试项目	测试方法	说　明
确定 T₂ 极		用万用表 R×1 Ω 档,分别测量各管脚的反向电阻,若测得两管脚的正、反向电阻都很小,即为 T₁ 和 G 极,而剩下的一脚为 T₂ 极
确定 T₁ 和 G 极,并判断好坏		假设其中一个脚为 T₁,另一脚为 G,用红表笔接 T₂,黑表笔接假设的 T₁,读数大,红表笔在不断开与 T₂ 连接的同时去短接假设的 G,读数会变小;然后红表笔在不断开 T₂ 的情况下断开与 G 的连接,若读数仍然小,则假设的 T₁ 和 G 是正确的。交换红黑表笔,同样的方法测量得到同样的结果,则说明此双向晶闸管可用

如何用万用表区分三极管、单向晶闸管和双向晶闸管?

4. 双向晶闸管的典型应用

双向晶闸管广泛用于工业、交通、家用电器等领域,实现交流调压、电机调速、交流开关、路灯自动开启与关闭、温度控制、台灯调光、舞台调光等多个方面,它还被用于固态继电器(SSR)和固态接触器电路中。图 7-7 为双向晶闸管的调压电路(调光灯电路)。

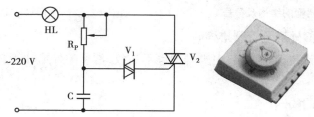

图 7-7　双向晶闸管的调压电路

在图 7-7 中,V₁ 为双向二极管,当所加正、反向电压达到其导通电压(通常为 20 ~ 80 V)时导通,从而为双向晶闸管提供触发脉冲。

当输入交流电压瞬时为上"＋"下"－"时,电源通过 R_P 向电容 C 充电,电容 C 上的电压极性为上"＋"下"－",当该电压增大到双向二极管的导通电压时,双向二极管正向导通,双向晶闸管由于得到一个正向触发电压也导通,直到交流电压过零时,晶闸管关断。

当输入交流电压瞬时为上"－"下"＋"时,电容 C 反向充电,电压极性为上"－"下"＋",当该电压增大到双向二极管的反向导通电压时,双向二极管反向导通,晶闸管再次触发导通。同样,直到交流电压过零时,晶闸管关断。

改变 R_P 可调节交流输出电压(负载 HL 上的电压)。调大 R_P 值,电容 C 充电速度变慢,晶闸管导通时间缩短,交流输出电压变小;反之,交流输出电压变大。

我们日常生活中有哪些地方用到双向晶闸管?

二、特殊晶闸管

除了单、双向晶闸管而外,还有一些具有特殊功能的晶闸管,如可关断晶闸管、逆导晶闸管、光控晶闸管和快速晶闸管等,常见的特殊晶闸管的特点及应用见表7-6所示。

表7-6　特殊晶闸管的特点及应用

名　称	特　点	应　用
可关断晶闸管	耐压高、电流大,可自行关断,是一种理想的高压大电流开关器件	广泛应用于逆变器、电子开关、恒压调频装置及电力系统中
逆导晶闸管	在晶闸管的阳极与阴极之间反向并联一只二极管,使阳极与阴极的发射结均呈短路状态。由于这种特殊电路结构,使之具有耐高压、耐高温、关断时间短、导通压降低等优良性能	适用于开关电源、稳压器、UPS 不间断电源中
光控晶闸管	其控制信号来自光的照射,没有必要再引出控制极,所以只有两个电极(阳极和阴极)。光控晶闸管对光源的波长有一定的要求,即有选择性,功率不能做得太大	常作为光电耦合器的输出部分,也可以直接做成各种交直流继电器、接触器,还可以用于光电逻辑电路、光控计数电路以及各种检测和保护电路中

续表

名 称	特 点	应 用
温控晶闸管	无需外加触发电流使其导通,而是受温度控制:当温度低于开关温度(又称阀值温度)时,温控晶闸管处于截止状态;当温度达到或超过开关温度时,温控晶闸管导通。与一般单向晶闸管相同的是:一旦温控晶闸管导通后,只有导通电流降到维持电流以下时才能关断	常用于温控检测和保护电路
快速晶闸管	可以在 400 Hz 以上频率工作的晶闸管。其开通时间为 4~8 μs,关断时间为 10~60 μs	主要用于较高频率的整流、逆变和变频电路

查一查

常见特殊晶闸管的型号。

实训 八 家用调光台灯电路的制作

一、实训目的

(1)熟悉单向晶闸管的管脚判断和质量检查;
(2)熟悉调光台灯电路的工作原理。

二、实训电路

实训电路如图 7-8 所示。

电路中,由电源插头 XP、灯泡 HL、电源开关 S、整流管 $V_{D1} \sim V_{D4}$、单相晶闸管 V_S 与电源构成主电路;由电位器 R_P、电容 C、电阻 R_1 与 R_2 构成触发电路。将 XP 插入市电插座,闭合 S,接通 220 V 交流电源,$V_{D1} \sim V_{D4}$ 全桥整流得到脉动直流电压加至 R_P,调节

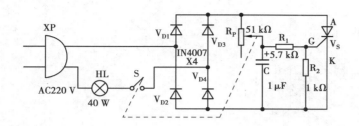

图7-8　无级调光台灯电路

R_P 的阻值,就能改变 C 的充、放电时间常数,即改变 V_S 控制触发角,从而改变 V_S 的导通程度,使 HL 上获得 0～220 V 的可调电压。R_P 的阻值调得越大,则 HL 越暗,反之越亮,从而实现了无级调光。

三、实训器材

万用表、电烙铁及声光控套件,声光控套件的具体元件清单见表7-7。

表7-7　声光控套件的元件清单

序号	名　称	型号规格	位　号	数　量
3	二极管	1N4007	V_{D1}～V_{D4}	4只
4	电阻	5.7 kΩ	R_1	1只
5	电阻	1 kΩ	R_2	1只
6	电解电容	1 μF	C_1	1只
7	晶闸管	MCR100-6	V_S	1只
9	电位器	51 kΩ	R_P	1只
10	灯泡	220 V/40 W	HL	1只

四、实训步骤

(1)按图7-9所示制作电路板,打孔、打磨焊盘、涂上助焊剂。

(2)将元件清点、测试好,摆放整齐。

(3)按图将元件安装好,特别注意有极性元件不要装反,装好的调光台灯电路如图7-10。

(4)调试电路,看能否达到调光的目的。

(5)测试数据

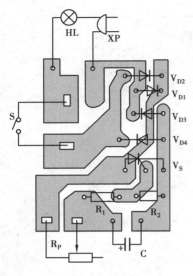

图 7-9　调光台灯电路板

图 7-10　调光台灯成品

将电位器分别置于大约 1/4、1/2、3/4、最大位置处，测试灯泡两端的电压，并观察灯泡的亮度变化。

电位器位置	1/4 位置	1/2 位置	3/4 位置	最大位置
灯泡两端电压/V				

学习小结

（1）晶闸管是一种可控开关器件，分为单向晶闸管、双向晶闸管、可关断晶闸管、逆导晶闸管、光控晶闸管和快速晶闸管等。

（2）单向晶闸管阳极 A 与阴极 K 之间加正向电压，同时控制极 G 与阴极间加上正向触发电压时，单向晶闸管被触发导通，导通后 A、K 间呈低阻状态。单向晶闸管导通后，控制器 G 即使失去触发电压，只要阳极 A 和阴极 K 之间仍保持正向电压，单向晶闸管继续处于低阻导通状态。只有当阳极 A 时阴极 K 的电压消失或电压极性发生改变（交流过零）时，单向晶闸管才由低阻导通状态转换为高阻截止状态。单向晶闸管一旦截止，即使阳极 A 和阴极 K 间又重新加上正向电压，仍需在控制极 G 和阴极 K 间重新加上正向触发电压方可再次导通。单向晶闸管的导通与截止状态相当于开关的闭合与断开状态，用它可制成无触点开关。

（3）双向晶闸管第一阳极 T_1 与第二阳极 T_2 间，无论所加电压极性是正向还是反向,只要控制极 G 和第一阳极 T_1 间加有正负极性不同的触发电压,就可触发导通。双向晶闸管一旦导通,即使失去触发电压,也能继续保持导通状态。只有当第一阳极 T_1、第二阳极 T_2 电流减小到小于维持电流或 T_1、T_2 间电压极性改变且没有触发电压时,双向晶闸管才截断,此时只有重新加触发电压方可再次导通。

学习评价

1.判断题

(1)晶闸管一旦触发导通,就能维持导通状态,控制极失去作用,要使导通的晶闸管关断,必须减小阳极电流到维持电流以下。   (　　)

(2)双向晶闸管就是两个单向晶闸管的简单组合。   (　　)

(3)可关断晶闸管耐压高、电流大,可自行关断,是一种理想的高压大电流开关器件。   (　　)

(4)双向晶闸管一旦导通,控制极失去作用,只有 T_1、T_2 电流小于维持电流时,双向晶闸管截断,截断后,T_1、T_2 电流大于维持电流时又能导通。   (　　)

(5)双向晶闸管 T_1 和 T_2 之间的正反向电阻都很小。   (　　)

2.填空题

(1)晶闸管是晶体闸流管的简称,有时也称为_____(SCR),它是一种可控的_____器件。

(2)单向晶闸管是一个三端器件,其内部是_____半导体_____ PN 结构,3 个电极分别称为_____ A、_____ K 和控制极 G。

(3)双向晶闸管的 3 个电极分别是_____、_____、G。因该器件可以双向导通,故除控制极 G 以外的两个电极统称为主端子,不再划分成阳极或阴极。

(4)_____晶闸管控制信号来自光的照射,没有必要再引出控制极,所以只有两个电极(阳极和阴极)。_____晶闸管对光源的波长有一定的要求,即具有选择性,功率不能做得太大。

(5)可以在 400 Hz 以上频率工作的晶闸管称为_____晶闸管。

3.简答题

(1)简述单向晶闸管的测量方法。

(2)简述双向晶闸管的特点。

*4.设计题

用双向晶闸管设计一个带开关的调光灯电路,作出原理图。

第二部分

数字电子技术

第八章

数字信号

技术基础与技能

学习目标

1. 知识目标

（1）知道模拟信号和数字信号的特点；

（2）能认识常见的脉冲波形，知道 555 时基电路的引脚功能，学会常见波形产生电路的应用；

（3）知道数字信号的表示方法及应用；

（4）知道二进制数、十进制数、BCD 码的概念，能进行相互间转换；

（5）能识记常用门电路的符号，能画出其真值表，会分析逻辑功能；

（6）知晓集成门电路的常见型号、引脚功能；

（7）能进行逻辑代数的基本运算，会进行逻辑代数的化简。

2. 能力目标

（1）能熟练应用 555 时基电路；

（2）能正确使用和选用常用的集成门电路；

（3）能进行二进制数、十进制数、BCD 码的相互转换。

伴随现代电子技术的发展,人们正处于一个信息时代,每天要从周围环境获取大量信息,例如电视、网络等。处理这些信息的计算机、电视机、音响系统、光碟、卫星系统等无一不采用数字系统。下面就让我们去学习数字电路知识,叩开"数字时代"的大门。

第一节　脉冲与数字信号

什么是脉冲呢?脉冲就是不连续的、瞬间突然变化的电压或电流,如心电图上的脉搏跳动波形,就是一种脉冲波。我们可以把脉冲作为一种信号。

那什么是信号呢?其实我们每天都在和它打交道,广义上讲,信号包括光信号、声信号、电信号等。例如:刻录在光盘上的光信号;通电话时听到彼此的声音,属于声信号;遨游在太空的电磁波,属于电信号。

一、模拟信号和数字信号

在信号这个大家族中,有两兄弟特别引人注目,就是"模拟"信号和"数字"信号(数字信号属于脉冲信号),模拟信号和数字信号的比较见表8-1。

表8-1　模拟信号和数字信号

项　目	模拟信号	数字信号
定义	幅度随时间连续变化的信号	一种离散的、断续变化的信号,一般由0、1两种数值组成,又称二进制信号
示意图		

续表

项　目	模拟信号	数字信号
特点	①直观且容易实现,电路简单; ②保密性差,很容易被窃听(只要收到模拟信号,就容易得到通信内容); ③抗干扰能力弱,从而使得通信质量下降,线路越长,噪声和干扰越大	①提高了抗干扰能力; ②加强了通信的保密性,可以进行加密处理; ③传输的信号质量高(如数字电视图像的清晰度高,伴音效果好); ④频道资源利用率高; ⑤可以提供各种信息服务,如提供股市行情、电子商务信息等; ⑥处理数字信号的电路一般较复杂
相互转换	模拟信号和数字信号之间可以相互转换,即模/数(A/D)转换、数/模(D/A)转换(将在第12章做介绍)。例如:数字电视信号经过"机顶盒"转换为模拟信号,使模拟电视机也能收看数字电视信号;又如:手机之间通信是将声音(模拟信号)转换为数字信号发送给基站的	

二、脉冲波形

1. 脉冲波形的主要参数

在数字电路中,加工和处理的都是脉冲波形,而应用最多的是矩形脉冲。下面以图 8-1 所示的实际矩形脉冲来描述脉冲波形的主要参数。

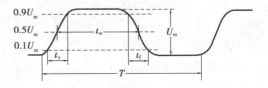

图 8-1　脉冲波形的主要参数

(1)脉冲幅度 U_m:脉冲电压波形变化的最大值。

(2)脉冲上升时间 t_r:脉冲波形从 $0.1U_m$ 到 $0.9U_m$ 所需要的时间。

(3)脉冲下降时间 t_f:脉冲波形从 $0.9U_m$ 到 $0.1U_m$ 所需要的时间。

(4)脉冲宽度 t_w:脉冲上升沿 $0.5U_m$ 到下降沿 $0.5U_m$ 所需要的时间,单位与 t_r、t_f 相同。

(5)脉冲周期 T:在周期性脉冲中,相邻两个脉冲波形重复出现所需要的时间,单位和 t_r、t_f 相同。

(6)脉冲频率 f:每秒时间内,脉冲出现的次数,单位为赫兹(Hz)、千赫兹(kHz)、兆赫兹(MHz)。

脉冲频率 f 与脉冲周期 T 互为倒数,即 $f = 1/T$。

2. 常见脉冲波形

脉冲有间隔性的特征,可以是周期重复,也可是非周期性或单次的。脉冲波形有很多种,一些常见的脉冲波形如图8-2所示。

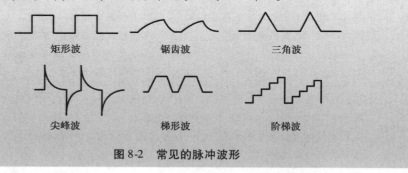

矩形波　　　　　锯齿波　　　　　三角波

尖峰波　　　　　梯形波　　　　　阶梯波

图 8-2　常见的脉冲波形

三、数字信号

1. 数字信号的表示方法

数字信号的表示方法通常有两种:一种是逻辑电平,即用二进制数值"0"和"1"表示,如11001011,其中"0"表示低电平,"1"表示高电平;另一种是数字波形图表示,见表8-1中数字信号的波形示意图。

2. 数字信号的应用

数字信号以其独特的优越性,在语音处理、图像处理、雷达、航空航天、地质勘探、通信和生物医学工程等众多领域都得到了广泛的应用。如数字电视信号、GPS卫星定位系统、电脑之间信息的传输、手机信号的传输等。我们已经进入"数字化时代",它将给人们带来更为简单快捷的生活。

你还知道数字信号在哪些领域的具体应用?

关于"0"、"1"

通常用高低电平来代表 1 和 0。电源电压是 5 V,某一点如果与正极相连,则其电平(也就是电位)为 5 V,它代表 1;某点如果与负极相连(工程上称为"接地"),则其电平为 0 V,它代表 0。还有其他的方式:比如开关是否导通、电容是否充电,等等,只要你能想出来的两个对立面,就可以用 0、1 来表示。0 或 1 只是代表两种刚好对立的状态,在逻辑电路里,0 是假,1 是真,它们没有大小(1 > 0 没有意义)。

第二节 数制与编码

一、数制

_____ dm = 1 m, _____ cm = 1 dm, _____ mm = 1 cm,
_____ min = 1 h, _____ s = 1 min。

从上面的练习可知:米、分米、厘米、毫米之间的进位关系是"逢 10 进 1",而小时、分、秒之间的进位关系是"逢 60 进 1"。

想一想

除了上述的两种进位关系外,你还知道生活中有哪些不同的进位关系?

不同的单位体系中,有不同的进位关系。为了分析它们,我们引入了数制的概念。那么,什么是数制呢?

数制就是数的进位制。按照进位关系的不同,就有不同的计数体制。常用的计数体制见表 8-2。

表8-2　常用的计数体制

数　制	基本数码	计数原则	说　明	标　注
十进制数	0、1、2、3、4、5、6、7、8、9（共10个）	逢十进一	即 $9+1=10$	加脚标"D"，如：$(28)_D$
二进制数	0、1（共2个）	逢二进一	即 $(1+1)_2=(10)_2$（读作壹零）	加脚标"B"，如：$(1011)_B$
十六进制数	0、1、2、3、4、5、6、7、8、9、A、B、C、D、E、F（共16个）	逢十六进一	$(F+1)_H=(10)_H$	加脚标"H"，如：$(5B)_H$

说一说

　　你能各举一个二进制数、十进制数、十六进制数的应用实例吗？

二、二进制数与十进制数的相互转换

1. 由十进制数转换成二进制数

例：将十进制数215转换成二进制数。

```
2 |215 ················· 余数 =1
2 |107 ················· 余数 =1
2 |53  ················· 余数 =1
2 |26  ················· 余数 =0
2 |13  ················· 余数 =1
2 |6   ················· 余数 =0
2 |3   ·· 余数 =1
  |1   ···· 余数 =1
```

低位 → 高位

方法：一般采用除2取余法。具体的方法是：将已知的十进制数反复除以2，若余数为1，则相应的二进制数码为1；若余数为0，则相应的二进制数码为0；一直除到商0为止，首次余数为最低位，最末次余数为最高位。

所以　$(215)_D=(11010111)_B$

2. 由二进制数转换成十进制数

　　例：将二进制数 $(11010111)_B$ 转换成十进制数。

$$(N)_D = 1\times2^7 + 1\times2^6 + 0\times2^5 + 1\times2^4 + 0\times2^3 + 1\times2^2 + 1\times2^1 + 1\times2^0 = 128+64+0+16+0+4+2+1 = 215$$

　　故 $(11010111)_B=(215)_D$

方法：一般是按数码乘以权后相加。二进制数转换成十进制数的关系式为

$$(N)_D = a_{n-1}\times2^{n-1} + a_{n-2}\times2^{n-2} + \cdots + a_1\times2^1 + a_0\times2^0,$$

式中：n 是二进制的位数；$2^{n-1},2^{n-2},\cdots,2^1,2^0$ 是各位的"权"；$a_{n-1},a_{n-2},\cdots,a_1,a_0$ 是各位的数码。

三、8421BCD 码

在数字系统中,数字、符号、文字等通常是用二进制代码或十六进制代码表示。但在日常生活中,人们最熟悉的数制是十进制,因此专门规定了用 4 位二进制数表示 0 ~ 9 的十进制数,简称 BCD 码,这种编码方式,我们称之为"8421 码"。

注意:同一个 8 位二进制代码表示的数,当认为它表示的是二进制数和认为它表示的是 8421 码时,数值是不相同的。例如:00011000,当把它视为二进制数时,其值为 24;但作为 2 位 BCD 码时,其值为 18。其实大家注意看就知道 BCD 码每 4 位间有空格,例如:256 的 8421BCD 码为 0010 0101 0110。

读一读

进制的起源

我们最常用的十进制,其实起源于人有 10 个指头。如果我们的祖先始终没有摆脱手脚不分的境况,我们现在一定是在使用二十进制。至于二进制……没有袜子称为 0 只袜子,有一只袜子称为 1 只袜子,但若有两只袜子,则我们常说的是:1 双袜子。

生活中还有:七进制,比如星期;十二进制,比如小时或"一打";六十进制,比如分钟或角度……

计算机中采用的是二进制,因为二进制具有运算简单、容易实现且可靠,为逻辑设计提供了有利的途径、节省设备等优点。为了便于描述,又常用八、十六进制作为二进制的缩写。

第三节 逻辑门电路

逻辑门电路是数字电路中最基本的逻辑元件。所谓门就是一种开关,它能按照一定的条件去控制信号的通过或不通过。逻辑即是门电路的输入和输出之间存在一定的因果关系。电路的输入输出端只有两种状态:一是高电平,用"1"表示;二是低电平,用"0"表示。为了便于理解,这里用简单的开关控制灯的电路来说明基本逻辑门电路的真值表、电路符号和逻辑功能。

一、常用逻辑门电路

1. "与"门电路

什么是"与"关系？当决定事件（Y）发生的所有条件（A，B，C⋯）均满足时，事件（Y）才能发生，这种关系称为"与"逻辑关系。完成"与"逻辑关系的电路称为"与"门电路，如图 8-3 所示。

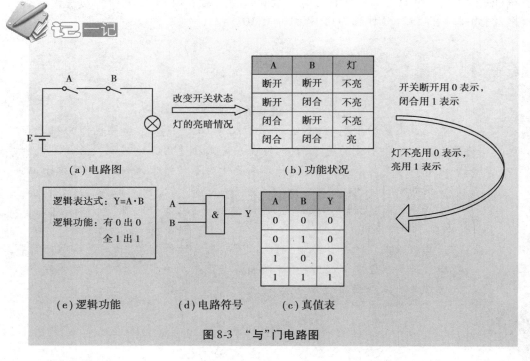

A	B	灯
断开	断开	不亮
断开	闭合	不亮
闭合	断开	不亮
闭合	闭合	亮

改变开关状态　灯的亮暗情况

开关断开用 0 表示，闭合用 1 表示

灯不亮用 0 表示，亮用 1 表示

（a）电路图　　　　（b）功能状况

逻辑表达式：$Y = A \cdot B$

逻辑功能：有 0 出 0　全 1 出 1

A	B	Y
0	0	0
0	1	0
1	0	0
1	1	1

（e）逻辑功能　　　（d）电路符号　　　（c）真值表

图 8-3　"与"门电路图

2. "或"门电路

什么是"或"关系？当决定事件（Y）发生的各种条件（A，B，C⋯）中，以上条件只要有一个具备，事件（Y）就发生，这种关系称为"或"逻辑关系。完成"或"逻辑关系的电路称为"或"门电路，如图 8-4 所示。

3. "非"门电路

什么是"非"关系？当决定事件（Y）发生的条件（A）满足时事件不发生，条件不满足时事件反而发生，这种关系称为"非"逻辑关系。完成"非"逻辑关系的电路称为"非"门电路，如图 8-5 所示。

4. "与非"门电路

这种电路的逻辑结构、符号、真值表、逻辑功能如图 8-6 所示。

记一记

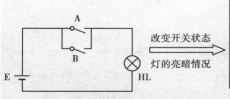

A	B	灯
断开	断开	不亮
断开	闭合	亮
闭合	断开	亮
闭合	闭合	亮

开关断开用 0 表示，
闭合用 1 表示

（a）电路图　　　　　　　　　　　（b）功能状况

灯不亮用 0 表示，
亮用 1 表示

逻辑表达式：Y=A+B

逻辑功能：有 1 出 1
　　　　　全 0 出 0

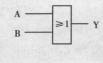

A	B	Y
0	0	0
0	1	1
1	0	1
1	1	1

（e）逻辑功能　　　（d）电路符号　　　（c）真值表

图 8-4　"或"门电路图

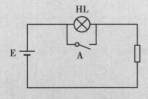

改变开关状态
灯的亮暗情况

A	灯
断开	亮
闭合	不亮

开关断开用 0 表示，
闭合用 1 表示

（a）电路图　　　　　　　　　　（b）功能状况

灯不亮用 0 表示，
亮用 1 表示

逻辑表达式：Y=$\overline{A}$

逻辑功能：取反

A	Y
0	1
1	0

（e）逻辑功能　　　（d）电路符号　　（c）真值表

图 8-5　"非"门电路图

输入		输出
A	B	Y
0	0	1
0	1	1
1	0	1
1	1	0

逻辑表达式：Y=$\overline{AB}$

逻辑功能：有 0 出 1
　　　　　全 1 出 0

（a）电路符号　　　　（b）真值表　　　　　（c）逻辑功能

图 8-6　"与非"门电路图

5."或非"门电路

这种电路的逻辑结构、符号、真值表、逻辑功能如图 8-7 所示。

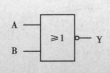

输入		输出
A	B	Y
0	0	1
0	1	0
1	0	0
1	1	0

逻辑表达式：$Y=\overline{A+B}$

逻辑功能：有 1 出 0

全 0 出 1

(a) 电路符号　　　　(b) 真值表　　　　(c) 逻辑功能

图 8-7　"或非"门电路图

6."与或非"门电路

这种电路的逻辑结构、符号、真值表、逻辑功能如图 8-8 所示。

逻辑表达式：$Y=\overline{AB+CD}$

逻辑功能：全 1 或其中 1 组全为 1 出 0

全 0 出 1

(a) 电路符号　　　　　　　　(b) 逻辑功能

输　　入				输　　出
A	B	C	D	Y
0	0	0	0	1
0	0	0	1	1
0	0	1	0	1
0	0	1	1	0
0	1	0	0	1
0	1	0	1	1
0	1	1	0	1
0	1	1	1	0
1	0	0	0	1
1	0	0	1	1
1	0	1	0	1
1	0	1	1	0
1	1	0	0	0
1	1	0	1	0
1	1	1	0	0
1	1	1	1	0

(c) 真值表

图 8-8　"与或非"门电路图

二、集成逻辑门电路

把构成门电路的元器件和连线都制作在一块半导体芯片上,再封装起来便构成了集成逻辑门电路。现在使用最多的是 TTL 集成门电路和 CMOS 集成门电路。

1. TTL 集成逻辑门电路

TTL 是晶体管逻辑门的简称,实际上指的是一种集成电路的制造工艺。TTL 应用广泛、速度快、抗干扰能力和带负载能力强。TTL 集成逻辑门电路现在多采用 74 系列,表 8-3 是常用的 TTL 逻辑门电路型号。

表8-3　常用 TTL 逻辑门电路

名　称	国际常用系列型号	国产部标型号	说　明
四2输入与非门 四2输入或非门	74LS00 74LS02	T100 T186	一个组件内部有 4 个门,每个门有 2 个输入端,1 个输出端
双4输入与门 双4输入与非门	74LS21 74LS20	T102	一个组件内有 2 个门,每个门有 4 个输入端
8 输入与非门	74LS30	T100	只有一个门,8 个输入端
六反相器	74LS04		有 6 个反相器

如果上面型号中的"L"变为"H",则表示高速的 TTL 电路,比如 74H00 等。

在 TTL 电路使用中要注意:

(1)电源电压为 +5 V;

(2)如果输入脚悬空,被认为是输入高电平。

　　TTL 集成逻辑门电路的逻辑功能测试。

　　TTL 集成电路大多采用双列直插式塑料封装,其管脚编号判断方法是将凹口置于左端,引脚向下,从左端小圆点处开始逆时针依次读出序号。如图8-9 所示为常用四与非门集成电路 74LS00。

　　选用 74LS00 的一个与非门,在逻辑实验仪(或数字实验箱)上连接成如图 8-10 所示的测试电路。

　　接通电源,拨动与非门两输入端开关 S_1 和 S_2,使输入端 A、B 分别接3.6 V(即高电平1)、地(即低电平0),观察发光二极管 LED 的发光情况,亮为输出高电平(1),熄为输出低电平(0),将结果填入表8-4 中。

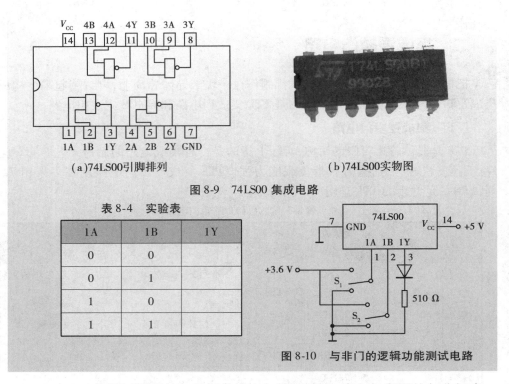

（a）74LS00引脚排列 （b）74LS00实物图

图 8-9　74LS00 集成电路

表 8-4　实验表

1A	1B	1Y
0	0	
0	1	
1	0	
1	1	

图 8-10　与非门的逻辑功能测试电路

表 8-4 为测试所得的与非门的输入与输出关系，将它与实际的与非门真值表进行比较，以验证测试的准确性。

 想一想

由上表可判定 TTL 与非门电路的逻辑功能为 ＿＿＿＿＿＿＿＿＿＿＿＿＿。

2. CMOS 集成逻辑门电路

TTL 电路功耗较大，集成度较低，不适宜做大规模集成电路。CMOS 电路具有集成度高、功耗低、成本低等优点，在数字系统中逐渐占据了主导地位。常用的 CMOS 集成逻辑电路的型号见表 8-5 所示。

表 8-5　常用 CMOS 逻辑集成电路的型号

型号种类	型号系列	电路实例
国内型号	CXX 系列	C001，C010，C033，C062，C691 等
	CC40 系列	CC4011，CC4012，4070，CC40175 等
国外型号	CD40 系列	CD4010，CD4023，CD511，CD418 等
	TC40 系列	TC4011，TC4017，TC4081，TC4066 等

在 CMOS 逻辑集成电路的使用中要注意两点：

（1）电源电压范围：3～18 V；

（2）CMOS 集成电路的输入脚不允许悬空。

逻辑功能测试——验证 CMOS 或非门的逻辑功能

常用的 CMOS 集成电路 CC4001 如图 8-11 所示，其引脚功能与 74LS00 相同。选用 CC4001 的一个或非门（1A、1B、1Y），在逻辑实验仪（或数字实验箱）上连接成与图 8-10 相同的外接测试电路。实验方法和与非门测试相同，将结果填入表 8-6 中。

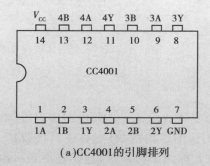

（a）CC4001的引脚排列

（b）CC4001实物图

图 8-11　CC4001 集成电路

表 8-6　实验表

1A	1B	1Y
0	0	
0	1	
1	0	
1	1	

表 8-6 为测试所得的或非门的输入与输出关系，将它与实际的或非门真值表进行比较，以验证测试的准确性。

由上表可判定 CMOS 或非门电路的逻辑功能为 _____。

3. 集成逻辑门电路的选用

以上讨论了 TTL 和 CMOS 两种集成逻辑门电路，在具体的应用中可以根据要求来选用相关的器件。器件的主要技术参数有传输延迟时间、功耗、噪声容限、带负载能力等。

若要求功耗低、抗干扰能力强,则应选用 CMOS 电路。其中 CMOS4000 系列一般用于工作频率在 1 MHz 以下、驱动能力要求不高的场合;HCMOS 常用于工作频率在 20 MHz 以下、要求较强驱动能力的场合。

若对功耗和抗干扰能力没有特殊要求,可选用 TTL 电路。目前多用 74LS 系列,它的功耗较小,工作频率不超过 20 MHz;如工作频率较高,可选用 CT74ALS 系列,其工作频率可达 50 MHz。

第四节 逻辑函数的化简

一、逻辑函数

1. 逻辑函数的概念和表示方法

什么是逻辑函数呢? 如果对应于输入逻辑变量 A,B,C… 的每一组确定值,输出逻辑变量 Y 就有唯一确定的值,则称 Y 是 A,B,C… 的逻辑函数(也称逻辑代数)。逻辑变量的取值只有两种,即逻辑 0 和逻辑 1,0 和 1 称为逻辑常量,它们并不表示数量的大小,而是表示两种对立的逻辑状态(比如门的开与关,答案的正确与错误,灯的亮与灭等)。

布尔与逻辑代数

逻辑代数是分析和设计逻辑电路的数学基础。逻辑代数,亦称布尔代数,是英国数学家乔治·布尔(George Boole)于 1849 年创立的。在当时,这种代数纯粹是一种数学游戏,没有物理意义,也没有现实意义。在其诞生 100 多年后才发现它的应用价值。

逻辑代数虽然和普通代数一样也用字母表示变量,但变量的值只有"1"和"0"两种,所谓逻辑"1"和逻辑"0",代表两种相反的逻辑状态。在逻辑代数中只有逻辑乘("与"运算),逻辑加("或"运算)和求反("非"运算)3 种基本运算。

逻辑函数的常用表示方法有:逻辑真值表、逻辑函数式、逻辑图。例如:在"与非门"电路中,当输入变量 A、B 中一个为 0 或都为 0 时,输出 Y 为 1;否则,输出为 0。

(1)真值表

真值表是反映逻辑函数中输出变量与输入变量之间的逻辑关系的表格,如前面的图 8-3(c)所示为"与"门电路的真值表。

(2)逻辑函数式

逻辑函数式是将逻辑函数中输出变量与输入变量之间的逻辑关系用与、或、非等逻辑运算符号连接起来的式子,也称逻辑表达式。如"与非门"电路的逻辑函数式为:$Y = \overline{AB}$。

(3)逻辑图

逻辑图是指将逻辑函数中输出变量与输入变量之间的逻辑关系用与、或、非等逻辑符号表示出来的图形。图 8-12 所示为一个 3 人表决电路的逻辑图。

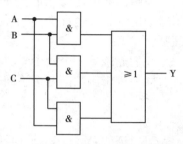

图 8-12　3 人表决电路逻辑图

2. 逻辑代数的运算法则

逻辑代数有与普通代数类似的交换律、结合律和分配律等基本运算法则,还有其自身特有的规律。表 8-7 列出了逻辑代数的基本定律。

表 8-7　逻辑代数的基本定律

定　律	表　达　式	
0-1 律	$A \cdot 0 = 0$	$A + 1 = 1$
自等律	$A \cdot 1 = A$	$A + 0 = A$
等幂律	$A \cdot A = A$	$A + A = A$
互补律	$A \cdot \overline{A} = 0$	$A + \overline{A} = 1$
交换律	$A \cdot B = B \cdot A$	$A + B = B + A$
结合律	$A \cdot (B \cdot C) = (A \cdot B) \cdot C$	$A + (B + C) = (A + B) + C$
分配律	$A \cdot (B + C) = A \cdot B + A \cdot C$	$A + (B \cdot C) = (A + B) \cdot (A + C)$
吸收律	$A + A \cdot B = A$	$A \cdot (A + B) = A$
非非律	$\overline{\overline{A}} = A$	
摩根定律	$\overline{A \cdot B \cdot C \cdots} = \overline{A} + \overline{B} + \overline{C} + \cdots$	$\overline{A + B + C \cdots} = \overline{A} \cdot \overline{B} \cdot \overline{C} + \cdots$

二、逻辑函数的化简

1. 逻辑函数化简的意义

逻辑函数的化简就是使一个逻辑函数化简后得到式中的"与"、"或"项数最少,而每项中的变量数也最少,从而使组成的逻辑电路最简单。为什么要进行逻辑函数的化简呢?

我们先来看一个例子。

同一逻辑函数的两个不同表达式:

$$Y_1 = \overline{A}B + B + A\overline{B}$$
$$Y_2 = A + B$$

可以证明:Y_1 与 Y_2 是相等的,它们实现同一种逻辑功能。但是,用 Y_1 和 Y_2 的表达式可以得到不同逻辑结构的电路。很明显,由 Y_1 式得到的电路比用 Y_2 式得到的电路复杂,所用的器材也更多。

从实例可知:逻辑函数越简单,实现它的电路也越简单,从而节省元器件,优化生产工艺,降低成本,因此不仅经济,而且可靠性也得到提高。所以要对逻辑表达式进行化简,尽量使其为最简表达式。判断逻辑表达式是否最简的条件是:①逻辑乘积项最少;②每个乘积项中变量最少。

2. 逻辑函数的化简

化简逻辑函数可以采用逻辑函数的基本定律,还常用以下几种方法,见表8-8。

表8-8 逻辑函数的化简方法

名称	方法	例子
并项法	利用公式 $A + \overline{A} = 1$,将两项合并为一项,并消去一个变量	$\overline{A}BC + ABC = AB(C + \overline{C}) = AB$
吸收法	利用公式 $A + AB = A$,吸收掉多余的项	$\overline{A} + \overline{A}BC = \overline{A}$
消去法	因 $A + \overline{A}B = (A + \overline{A})(A + B) = 1(A + B) = A + B$,利用公式 $A + \overline{A}B = A + B$,消去多余的因子	$AB + \overline{A}C + \overline{B}C = AB + (\overline{A} + \overline{B})C = AB + \overline{AB}C = AB + C$
配项法	利用公式 $A = A(B + \overline{B})$,先添上 $(B + \overline{B})$ 作配项用,以便消去更多的项	$A\overline{B} + B\overline{C} + \overline{B}C + \overline{A}B = A\overline{B} + B\overline{C} + \overline{B}C$ $(A + \overline{A}) + \overline{A}B(C + \overline{C}) = A\overline{B} + B\overline{C} + A\overline{B}C + \overline{A}BC + \overline{A}B\overline{C} + \overline{A}B\overline{C}$ $= (A\overline{B} + A\overline{B}C) + (B\overline{C} + \overline{A}B\overline{C}) + (\overline{A}BC + \overline{A}BC) = A\overline{B}(1 + C) + B\overline{C}(1 + \overline{A}) + \overline{A}C(\overline{B} + B)$ $= A\overline{B} + B\overline{C} + \overline{A}C$

【例题 8-1】 化简 $Y = \overline{A} + \overline{B} + AB$。

解：$Y = \overline{A} + \overline{B} + AB = (\overline{A} + AB) + \overline{B} = \overline{A} + B + \overline{B} = \overline{A} + 1 = 1$

【例题 8-2】 化简 $Y = AD + A\overline{D} + AB + \overline{A}C + BD$。

解：$Y = AD + A\overline{D} + AB + \overline{A}C + BD = (AD + A\overline{D}) + AB + \overline{A}C + BD$

$\quad = A + AB + \overline{A}C + BD = A + \overline{A}C + BD = A + C + BD$

化简逻辑表达式：$(1) Y = AB + \overline{A}B + A\overline{B} + \overline{A}\overline{B}$

$\qquad\qquad\qquad\quad (2) Y = (A + B)(\overline{A} + B)$

$\qquad\qquad\qquad\quad (3) Y = AB + \overline{A}C + A + BCD$

第五节　逻辑电路图、逻辑表达式、真值表之间的互换

逻辑电路可以用多种方法表示：逻辑电路图、真值表、逻辑表达式和波形图等，其中最常用的是逻辑电路图、逻辑表达式和真值表。各种表示方法之间可以相互转化。

一、逻辑电路图与逻辑表达式之间的转换

由逻辑电路图转化为逻辑表达式的方法是：从电路图的输入端开始，逐级写出各门电路的逻辑表达式，一直到输出端。

【例题 8-3】 将图 8-13 所示的逻辑电路转化为逻辑表达式。

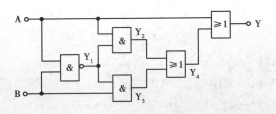

图 8-13

解:依次写出 Y_1, Y_2, Y_3, Y_4 的逻辑表达式:

$$Y_1 = \overline{AB}$$

$$Y_2 = AY_1 = A\,\overline{AB}$$

$$Y_3 = Y_1 B = \overline{AB}B$$

$$Y_4 = Y_2 + Y_3 = A\,\overline{AB} + B\,\overline{AB}$$

最后写出 Y 的表达式:

$$Y = A + Y_4 = A + A\,\overline{AB} + B\,\overline{AB}$$

由逻辑表达式转化为逻辑电路图的方法是:根据表达式中逻辑运算的优先级别(逻辑运算的优先级是:非→与→或,有括号先算括号),用相应的门电路实现对应的逻辑运算。

【例题 8-4】 根据 $Y = (A + B) \cdot \overline{A + B}$ 画出逻辑电路图。

解:分析逻辑表达式

$$Y = (A + B) \cdot \overline{A + B}$$

或运算(Y_1)或非运算(Y_2)……………………………………… 第一级运算

与运算 ……………………………………………………………… 第二级运算

↓
输出

根据分析结果画电路图:第一级有两种运算(或、或非),可同时完成;第二级只有一种运算(第一级两个结果的与运算)。作出的电路如图 8-14 所示。

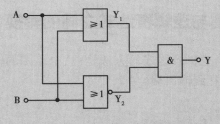

图 8-14 例 2 的逻辑电路图

二、逻辑表达式与真值表的互相转化

1. 逻辑表达式转化为真值表

由逻辑表达式转化为真值表的方法是：

（1）若输入端数为 n，则输入端所有状态组合数为 2^n。

（2）列表时，输入状态按 n 列、2^n 行画好表格，然后从右到左，在第一列中填入 $0,1,0,1\cdots$ 在第二列中填入 $0,0,1,1,0,0,1,1\cdots$ 在第三列中填入 $0,0,0,0,1,1,1,1\cdots$ 依次类推，直到填满表格，最后将每一行中各输入端状态分别代入表达式中，计算并填好结果。

【例题 8-5】 列出 $Y = (A + B)\overline{AB}$ 的真值表。

解：输入端有 2 个，应列 2 列、$4(2^2)$ 行的真值表；再将每一行分别代入式中求出值填入表 8-9 中。例如 $A = 0, B = 0$ 时，$Y = (0 + 0) \cdot \overline{0 \cdot 0} = 0$。

表 8-9　$Y = (A + B)\overline{AB}$ 的真值表

输　　入		输　　出
A	B	Y
0	0	0
0	1	1
1	0	1
1	1	1

2. 真值表转化为逻辑表达式

由真值表转化为逻辑表达式的方法是：

（1）从真值表上找出输出为 1 的各行，把每行的输入变量写成乘积项；该变量为 0 时则取非，为 1 时是原变量。

（2）相加各乘积项即得到表达式。

讲一讲

【例题8-6】 将表8-10转化为逻辑表达式。

表8-10

输入			输出
A	B	C	Y
0	0	0	0
0	0	1	1
0	1	0	0
0	1	1	1
1	0	0	0
1	0	1	0
1	1	0	0
1	1	1	1

←输出为 1：$\overline{A}\,\overline{B}C$

←输出为 1：$\overline{A}B C$

←输出为 1：ABC

解：输出为 1 有第二、五、八这 3 行，对应的 3 个乘积项为：$\overline{A}\,\overline{B}C$，$\overline{A}BC$，$ABC$，所以逻辑表达式为

$$Y = \overline{A}\,\overline{B}C + \overline{A}BC + ABC$$

学习小结

（1）信号主要分模拟信号和数字信号，模拟信号的幅度随时间连续变化，而数字信号是断续变化的。数字信号常采用逻辑电平或数字波形这两种方法表示。

（2）常用的计数制度有十进制、二进制、十六进制等，它们之间可以进行相互转换。

（3）二进制数转换成十进制数采用除 2 取余法，十进制数转换成二进制数采用数码乘以权后相加的方法。

（4）用四位二进制码表示 1 位十进制数称为二-十进制编码，简称 BCD 码，常用的是 8421BCD 码。

（5）常用的逻辑门电路有与门、或门、非门、与非门、或非门、与或非门等。

（6）集成逻辑门电路常用的有 TTL 和 CMOS 两种。

（7）逻辑函数的常用表示方法是逻辑图、逻辑表达式和真值表，它们之间可以相互转换。

学习评价

1. 填空

（1）数字信号的定义是＿＿＿＿＿＿＿，模拟信号的定义是＿＿＿＿＿＿＿＿＿。

（2）数字电路的两个基本的数码为＿＿＿＿和＿＿＿＿。

（3）二进制按＿＿＿＿原则转换成十进制，十进制按＿＿＿＿原则转换成二进制。

（4）十进制数 47 的 8421BCD 码是＿＿＿＿＿＿＿＿。

2. 计算与化简

（1）将下列十进制数码转换成二进制数。

①78　　　　②56　　　　③80

（2）将下列二进制数码转换成十进制数。

①1100　　　②101011　　　③11001

（3）化简下列逻辑表达式。

①$Y = \overline{A} + B + \overline{AB}C$　　　　②$Y = \overline{ABC} + A + B + C$

③$Y = AB(BC + A)$　　　　④$Y = AD + \overline{AD} + AB + \overline{A}C$

（4）根据图 8-15 所示的逻辑电路图写出它们的逻辑表达式。

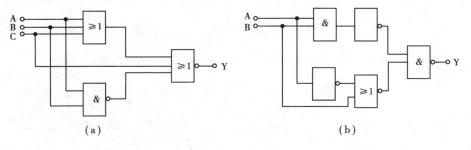

（a）　　　　　　　　　　　　　　　　（b）

图 8-15

3. 简答与作图

（1）什么是脉冲？常见的脉冲波形有哪些？

（2）描述脉冲的主要参数有哪些？

（3）基本的逻辑门电路有哪些？画出它们的逻辑符号并说明其功能。

（4）TLL 和 CMOS 集成块使用时需注意什么？

（5）根据 8-11 所示的真值表写出逻辑表达式，化简后作出逻辑电路图。

表 8-11　真值表

A	B	C	Y
0	0	0	0
0	0	1	0
0	1	0	0
0	1	1	0
1	0	0	1
1	0	1	0
1	1	0	1
1	1	1	1

第九章

电子
技术基础与技能

组合逻辑电路

1. 知识目标

(1) 知道组合逻辑电路的分析和设计方法,了解其种类;

(2) 熟悉典型的编码、译码集成电路的引脚功能及使用方法;

(3) 懂得数码管显示的基本原理和使用方法。

2. 能力目标

(1) 能根据命题要求设计简单的逻辑电路;

(2) 会应用典型的编码、译码集成电路;

(3) 能根据原理图搭接数码显示电路。

数字电路按逻辑功能不同可分组合逻辑电路和时序逻辑电路两大类。组合逻辑电路在生活中广泛应用,例如:电视选秀节目中,各裁判按下自己面前的按钮,以指示灯来表明选手的过关情况用到的表决电路;遥控板、电脑、手机的键盘;数码显示等。组合逻辑电路到底具有什么功能呢? 下面我们来认识和学习它。

第一节 组合逻辑电路的基本知识

组合逻辑电路是由逻辑门电路组合在一起且能够完成一定功能的电路。组合逻辑电路可以有一个或多个输入端,也可以有一个或多个输出端,只存在从输入到输出的通路,没有反馈回路,其示意图如图9-1 所示。

组合逻辑电路的功能特点是:任意时刻的输出信号只与此时刻的输入信号有关,而与信号作用前电路的原始输出状态无关,即电路没有存储和记忆功能。

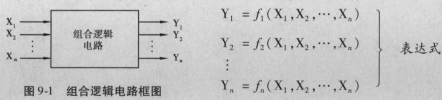

$$Y_1 = f_1(X_1, X_2, \cdots, X_n)$$
$$Y_2 = f_2(X_1, X_2, \cdots, X_n)$$
$$Y_n = f_n(X_1, X_2, \cdots, X_n)$$

表达式

图9-1 组合逻辑电路框图

一、组合逻辑电路的分析

根据逻辑电路图,找出电路输出与输入之间的逻辑关系,从而得出该电路具有什么逻辑功能(即由逻辑图得到逻辑功能),这个过程称为组合逻辑电路的分析。

组合逻辑电路的分析大致包括以下几个步骤:首先根据逻辑图写出逻辑

表达式,然后对逻辑表达式进行化简,再列出真值表,最后根据真值表得出电路的功能。其分析流程(含实例)如图9-2所示。

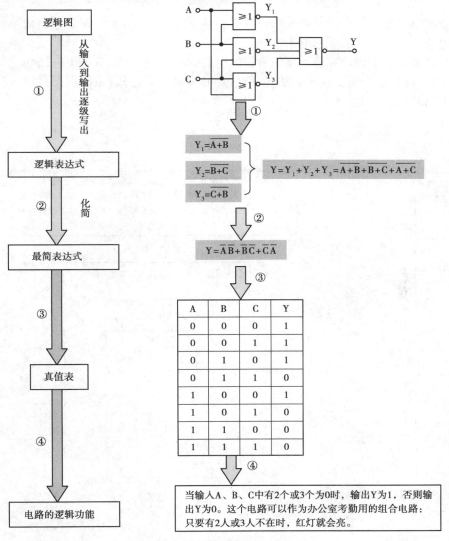

图 9-2　组合逻辑电路分析流程图

分析如图9-3所示逻辑电路的功能。

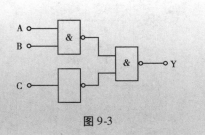

图 9-3

二、组合逻辑电路的设计

组合逻辑电路的设计就是根据给定的逻辑功能要求,得出实现该功能最简单的组合逻辑电路(由逻辑功能到逻辑图)。

组合逻辑电路的设计实质上是组合逻辑电路分析的逆过程,首先由电路功能列出真值表,再根据真值表写出逻辑表达式,然后化简为最简表达式,最后根据最简表达式作出逻辑电路图。其流程(含实例)如图9-4所示。

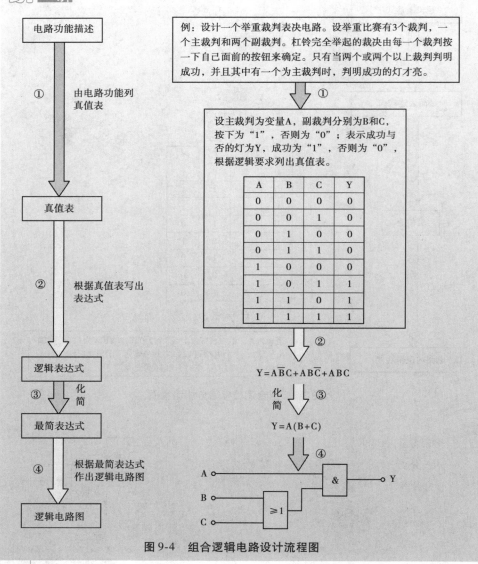

图9-4　组合逻辑电路设计流程图

如果某项试验有 3 组数据,只有当其中两组数据正常时,试验才成功。设计一个逻辑电路来实现对实验是否成功的自动判断。

三、组合电路的分类

常用的组合逻辑电路有:加法器、译码器、编码器、多逻辑路选择器、数值比较器等。这些组合电路经常使用,因此均有中规模集成电路组件产品。其中,加法器是能够实现加法运算的电路;数据选择器是能够按给定的地址将某个数据从一组数据中选出来的电路;数值比较器是能够比较数字大小的电路;编码器和译码器应用非常广泛,下面分别作介绍。

第二节　编码器

表示某一个特定信息的数字即为码。人们在日常生活中经常遇到有关编码的问题,例如:开运动会需要给运动员编号,人们居住楼房的门牌编号等。所谓编码就是用若干位二进制数码,按一定规律排列组合构成的代码,每一个代码有固定的含义,这个过程称为编码。在数字电路中使用 0、1 两个数字去对所有的信息量进行编码。

一、编码器的基本功能

计算机的键盘输入逻辑电路就是由编码器组成的。让我们用一个 8421BCD 编码器的实例来了解编码器的功能,如图 9-5 所示,为一个用 10 个按键和门电路组成的 8421 码编码器,其功能见表 9-1。

其中 $S_0 \sim S_9$ 代表 10 个按键,即对应十进制数 $0 \sim 9$ 的输入键,它们对应的输出(A、B、C、D)代码正好是 8421BCD 码(输出端"GS"用来指示输入端是否有数字输入)。于是分析得到编码器的功能:就是把输入的每一个高低电平变成对应的二进制代码。编码器就是实现编码操作的电路,在数字电路中,用二进制数 0、1 进行编码,可以用 n

位二进制数对 2^n 个信号进行编码,如 2 位二进制数可以对 4 个信号进行编码。

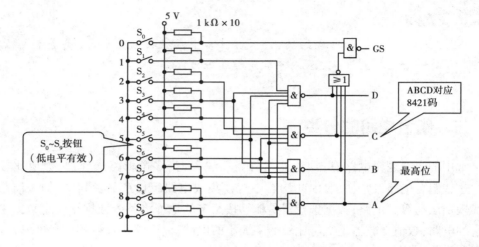

图 9-5　8421BCD 码编码器原理图

表 9-1　8421BCD 编码器的功能表

输　入										输　出				
S_9	S_8	S_7	S_6	S_5	S_4	S_3	S_2	S_1	S_0	A	B	C	D	GS
1	1	1	1	1	1	1	1	1	1	0	0	0	0	0
1	1	1	1	1	1	1	1	1	0	0	0	0	0	1
1	1	1	1	1	1	1	1	0	1	0	0	0	1	1
1	1	1	1	1	1	1	0	1	1	0	0	1	0	1
1	1	1	1	1	1	0	1	1	1	0	0	1	1	1
1	1	1	1	1	0	1	1	1	1	0	1	0	0	1
1	1	1	1	0	1	1	1	1	1	0	1	0	1	1
1	1	1	0	1	1	1	1	1	1	0	1	1	0	1
1	1	0	1	1	1	1	1	1	1	0	1	1	1	1
1	0	1	1	1	1	1	1	1	1	1	0	0	0	1
0	1	1	1	1	1	1	1	1	1	1	0	0	1	1

　　常用编码器有二进制编码器、二-十进制编码器、优先编码器等,其中优先编码器与其他编码器又有较大区别。它们的特点如下:

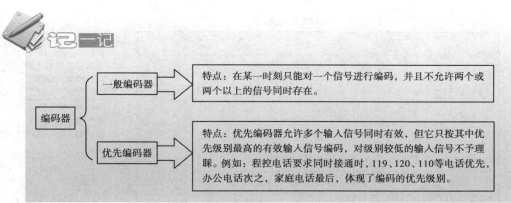

下面我们来认识一种常用的集成电路优先编码器 74LS148 的逻辑功能及使用方法。

二、典型编码集成电路

优先编码器 74LS148 常用于优先中断系统和键盘编码,其外形及引脚功能如图 9-6所示。

(a)74LS148实物图

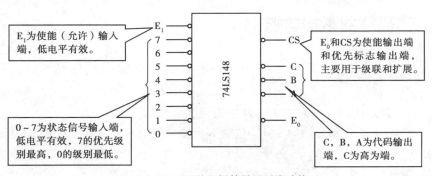

E_1 为使能（允许）输入端，低电平有效。

E_0 和 CS 为使能输出端和优先标志输出端，主要用于级联和扩展。

0~7为状态信号输入端，低电平有效，7的优先级别最高，0的级别最低。

C，B，A为代码输出端，C为高为端。

(b)74LS148的逻辑符号及引脚功能

图 9-6　74LS148 集成电路

74LS148 的逻辑功能及使用方法见表 9-2。

表 9-2　74LS148 的功能表

NO	输入									输出				
	E_1	A_7	A_6	A_5	A_4	A_3	A_2	A_1	A_0	C	B	A	CS	E_0
1	1	×	×	×	×	×	×	×	×	1	1	1	1	1
2	0	1	1	1	1	1	1	1	1	1	1	1	1	0
3	0	0	×	×	×	×	×	×	×	0	0	0	0	1
4	0	1	0	×	×	×	×	×	×	0	0	1	0	1
5	0	1	1	0	×	×	×	×	×	0	1	0	0	1
6	0	1	1	1	0	×	×	×	×	0	1	1	0	1
7	0	1	1	1	1	0	×	×	×	1	0	0	0	1
8	0	1	1	1	1	1	0	×	×	1	0	1	0	1
9	0	1	1	1	1	1	1	0	×	1	1	0	0	1
10	0	1	1	1	1	0	1	1	1	0	1	1	0	1

当E_1=E_0=CS=1时，表示该电路禁止编码，即无法编码。

当E_1=E_0=0，CS=1时，表示该电路允许编码，但无码可编。

当E_1=0，E_0=1，CS=0时，表示该电路允许编码，并且正在编码。

输入：逻辑0低电平有效

输出：逻辑0低电平有效

第三节　译码器

一、译码器的基本功能

什么是译码呢？我们先来做下面的实验吧！

74LS139 是双 2 线-4 线译码器，如图 9-7 所示。输入端 1A、1B 接逻辑开关 A、B，输出 Y_0 ~ Y_3 接电平指示灯。改变输入信号 1A、1B 的状态，观察输出，指示灯亮用"1"表示，指示灯熄用"0"表示。将观察结果 Y_0 ~ Y_3 的数值填入表 9-3 中。

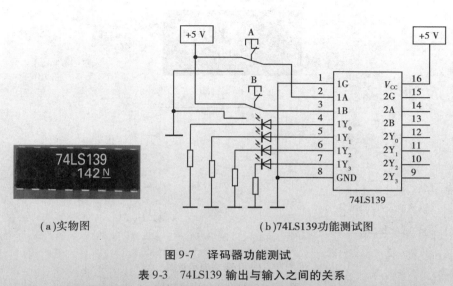

(a)实物图　　　　　　　(b)74LS139功能测试图

图9-7　译码器功能测试

表9-3　74LS139 输出与输入之间的关系

1A	1B	Y_3	Y_2	Y_1	Y_0
0	0				
0	1				
1	0				
1	1				

想一想

对表9-3进行分析,你的分析结论是_____。

由此得到译码器的基本功能:译码是编码的逆过程,将输入的每个二进制代码赋予的含义"翻译"过来,并给出相应的输出信号以表示其原意。这个翻译的过程称为译码。实现译码操作的电路称为译码器。根据译码的概念,译码器的输出端子数 N 和输入端子数 n 之间应该满足: $N \leqslant 2^n$ 。如有 3 个输入端子,对应就可以有 $2^3 = 8$ 个输出端子。译码器主要有 2-4 线、3-8 线、4-10 线译码器和字符显示译码器等。

二、典型译码集成电路

图9-8 为集成译码器 74LS138 的实物及引脚功能图,它的功能如表9-4 所示。由图可知,该译码器有 3 个输入端 A_0、A_1、A_2,它们共有 8 种状态的组合,即可译出 8 个输出信号 $Y_0 \sim Y_7$ 。故该译码器称为 3-8 线译码器。

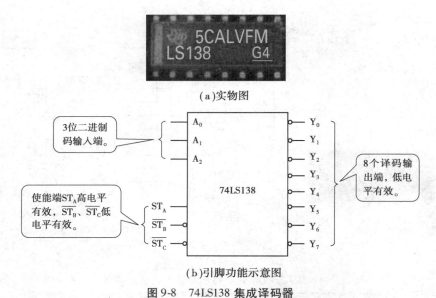

（a）实物图

3位二进制码输入端。

8个译码输出端，低电平有效。

使能端ST_A高电平有效，$\overline{ST_B}$、$\overline{ST_C}$低电平有效。

（b）引脚功能示意图

图9-8　74LS138 集成译码器

74LS138 型 3-8 线译码器的逻辑功能及使用方法见表9-4。

表9-4　74LS138 集成译码器功能表

输　入						输　出							
ST_A	$\overline{ST_B}$	$\overline{ST_C}$	A_2	A_1	A_0	Y_0	Y_1	Y_2	Y_3	Y_4	Y_5	Y_6	Y_7
×	1	×	×	×	×	1	1	1	1	1	1	1	1
0	×	×	×	×	×	1	1	1	1	1	1	1	1
1	0	0	0	0	0	0	1	1	1	1	1	1	1
1	0	0	0	0	1	1	0	1	1	1	1	1	1
1	0	0	0	1	0	1	1	0	1	1	1	1	1
1	0	0	0	1	1	1	1	1	0	1	1	1	1
1	0	0	1	0	0	1	1	1	1	0	1	1	1
1	0	0	1	0	1	1	1	1	1	1	0	1	1
1	0	0	1	1	0	1	1	1	1	1	1	0	1
1	0	0	1	1	1	1	1	1	1	1	1	1	0

当$ST_A=0$，$\overline{ST_B}=\overline{ST_C}=1$时，译码器不工作，$Y_7 \sim Y_0$输出都为高电平1。

当$ST_A=1$，$\overline{ST_B}=\overline{ST_C}=0$时，译码器工作，$Y_7 \sim Y_0$输出低电平0有效。

可见74LS138 有 3 个信号输入端,构成 8 组状态,当出现某一组状态(如:001)时,相应的一个输出端(Y_1)出现低电平,而其他均为高电平。

三、数码显示器

数码显示器的作用就是将数字系统的结果用十进制数码直观显示出来。一方面供人们直接读取测量和运算的结果,另一方面用于监视数字系统的工作情况。常用的数码显示器根据材料不同可分为荧光数码管、半导体数码管和液晶显示器等几种,其显示原理大致相同。下面以半导体数码管为例进行介绍。

半导体数码管具有工作电压低、体积小、寿命长、工作可靠性高、响应速度快、亮度高的优点,是当前用得最广泛的显示器件之一。它是用发光二极管(LED)来组成字形显示数字、文字和符号的。下面让我们去看看常见的七段半导体数码管是怎样显示数字的。

半导体数码管是将 7 个条形发光二极管排列成“日”字形封装构成的,如图 9-9 所示,分共阳极型和共阴极型两种,如图 9-10 和 9-11 所示。当 a ~ h 端加上有效电平时(共阳极时低电平有效,共阴极时高电平有效),对应二极管发光,并显示相应数码。一个数码管可显示 0 ~ 9 这 10 个数字。

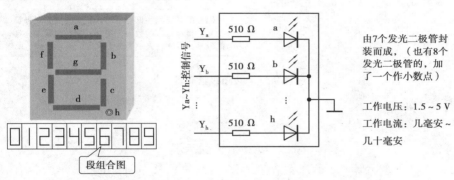

图 9-9　七段半导体数码管

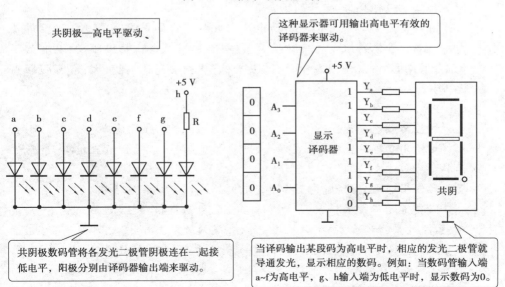

图 9-10　共阴极数码管

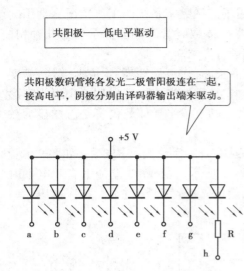

共阳极——低电平驱动

这种显示器可用输出低电平有效的译码器来驱动。

共阳极数码管将各发光二极管阳极连在一起，接高电平，阴极分别由译码器输出端来驱动。

当译码输出某段码为低电平时，相应的发光二极管就导通发光，显示相应的数码。例如：当数码管输入端a~f为低电平，g、h输入端为高电平时，显示数码为0。

图9-11 共阳极数码管

LED 电子显示屏

近年来，LED 电子显示屏得到了迅猛的发展，已经广泛应用到银行、邮电、税务、机场、车站、证券市场，以及其他交易市场、医院、电力、海关、体育场等多种需要进行公告、宣传的场合。

LED 是发光二极管（Light Emitting Diode）的英文缩写。LED 显示屏是由发光二极管排列组成的一种显示器件，它采用低电压扫描驱动，具有如下优点：①耗电省；②使用寿命长；③成本低；④亮度高；⑤视角大；⑥可视距离远；⑦规格品种多。

LED 显示屏分类：

按显示颜色分为：单红色、单绿色、红绿双基色、红绿蓝三色

按使用功能分为：图文显示屏、多媒体视频显示屏、行情显示屏、条形显示屏

按使用环境分为：室内显示屏、室外显示屏、半户外显示屏

LED 显示屏技术特点：①效果卓越：采用动态扫描技术，画面稳定、无杂点，图像效果清晰，动画效果生动、多样，视频效果流畅；②内容丰富：可显示文字、图表、图像、动画、视频信息；③方式灵活：可由用户任意编排显示模式；④质量保证：采用优质发光材料、高品质 IC 芯片、无噪声大功率电源；⑤信息量大：显示的信息不受限制；⑥维修方便：模块化设计，安装、维护方便。

搭接数码管显示电路练习。

数码显示器需要和计数器、译码器、驱动器等电路配合使用。我们来进行用七段显示译码器 74LS48 驱动共阴型 LED 数码管的实用电路搭接练习,如图 9-12 所示。

（1）器材准备:焊接工具、万用表、5 V 直流稳压电源、共阴数码管 BS205 1 只、74LS48 译码集成电路 1 只,按键开关（具有自销功能）4 只,面包板 1 块,导线若干米、300 Ω 电阻 7 只。

（2）练习步骤

①按图 9-12 在面包板上连接好电路（集成块引脚排列参见附录一）,检查无误后通电实验。

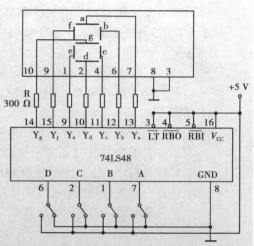

图 9-12　七段显示译码器 74LS48 驱动共阴型 LED 数码管的实用电路

②按照实验表的输入状态预置 4 个开关位置（当开关接通高电平时代表输入为“1”,否则代表输入为“0”）,观察数码管的显示状态及显示的数字,填入表 9-5 中。

表 9-5　七段显示译码器输入输出关系

输　入				输出端亮暗情况（亮打√,不亮打×）							显示
D	C	B	A	a	b	c	d	e	f	g	数字
0	0	0	0								
0	0	0	1								
0	0	1	0								
0	0	1	1								
0	1	0	0								
0	1	0	1								
0	1	1	0								
0	1	1	1								
1	0	0	0								
1	0	0	1								

输入的 4 位二进制数与显示的数字有什么联系?

译码器介绍

译码器是典型的组合逻辑电路,是将一种编码转换为另一种编码的逻辑电路,学习译码器必须与各种编码打交道。从广义的角度看,译码器有4类:

●二进制码译码器:也称最小项译码器,N中取一译码器,最小项译码器,一般是将二进制码译为十进制码;

●代码转换译码器:是将一种编码转换为另一种编码,比如二–十进制译码器;

●显示译码器:一般是将一种编码译成十进制码或特定的编码,并通过显示器件将译码器的状态显示出来;

●编码器:一般是将十进制码转换为相应的其他编码,其实质与代码转换译码器一样,编码是译码的反过程。

译码器的种类很多,但它们的工作原理和分析设计方法大同小异,其中,二进制译码器、二-十进制译码器和显示译码器是3种最典型、使用十分广泛的译码电路。

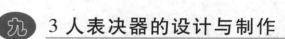

实训 九   3人表决器的设计与制作

一、实训目的

(1)学会设计简单的组合逻辑电路;
(2)根据设计进行电路的制作。

二、实训电路

现在请你为"校园文明之星"评选活动中设计一个3人表决器,逻辑功能如下:只要当2个或3个评委同时同意时,表决就通过。

(1)请把你设计的3人表决器的真值表、表达式、逻辑图分别填入下框中。

3 人表决器的真值表　　　　　　　　3 人表决器的表达式

3 人表决器的逻辑图

(2) 根据你设计的逻辑图选择合适的器件并画出电路连接图填入下框中。

3 人表决器的电路连接图

三、实训器材

本实训所需器材的规格、型号、数量等根据你的设计选择填入实训明细表 9-6 中。

表 9-6　实训明细表

器材	型号规格	数量	器材	型号规格	数量

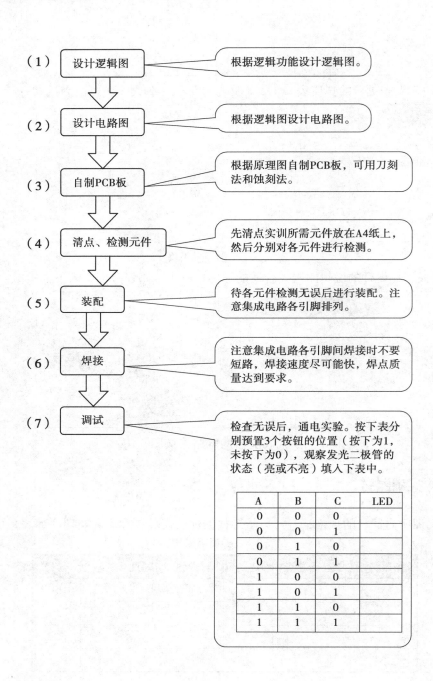

四、实训步骤

（1）设计逻辑图 —— 根据逻辑功能设计逻辑图。

（2）设计电路图 —— 根据逻辑图设计电路图。

（3）自制PCB板 —— 根据原理图自制PCB板，可用刀刻法和蚀刻法。

（4）清点、检测元件 —— 先清点实训所需元件放在A4纸上，然后分别对各元件进行检测。

（5）装配 —— 待各元件检测无误后进行装配。注意集成电路各引脚排列。

（6）焊接 —— 注意集成电路各引脚间焊接时不要短路，焊接速度尽可能快，焊点质量达到要求。

（7）调试 —— 检查无误后，通电实验。按下表分别预置3个按钮的位置（按下为1，未按下为0），观察发光二极管的状态（亮或不亮）填入下表中。

A	B	C	LED
0	0	0	
0	0	1	
0	1	0	
0	1	1	
1	0	0	
1	0	1	
1	1	0	
1	1	1	

五、实训评价

通过实训评价表 9-7 检查实训效果。

表 9-7　实训评价表

评定类别	分值	评定标准	得分
设计逻辑图	20	逻辑图设计正确 20 分	
设计电路图	20	电路图设计正确 20 分	
实训态度	10 分	态度好,认真 10 分,较好 7 分,差 3 分	
操作规范	10 分	违反安全规则扣 8 分,损坏仪器扣 8 分,扣完为止	
元器件检测	10 分	检测错误 1 个扣 2 分,扣完为止	
装配	10 分	错装 1 个扣 2 分,1 个不规范扣 0.5 分,扣完为止	
焊接	10 分	焊点不符合要求 1 个扣 1 分,扣完为止	
调试	10 分	测试数据正确得 20 分,实训成功得 20 分	
评定等级:＿＿＿＿＿		(优秀:80 分以上;良:70～80 分; 及格:60～70 分;不及格:60 分以下)	

想一想

你还能用其他的门电路来完成 3 人表决器的制作吗?

学习小结

(1)组合逻辑电路是由逻辑门电路组合在一起的能够完成一定功能的电路。

(2)组合逻辑电路的分析步骤:逐级写出表达式、化简表达式、列真值表、根据真值表分析逻辑功能。组合逻辑电路的设计与分析是相反的过程。

(3)编码器的功能:就是把输入的每一个高低电平变成对应的二进制代码。在数字电路中,用二进制数进行编码,可以用 n 位二进制数对 2^n 个信号进行编码。

(4)译码器的基本功能:译码是编码的逆过程,将输入的每个二进制代码赋予的含义"翻译"过来,并给出相应的输出信号。

（5）数码显示器的作用就是将数字系统的结果用十进制数码直观显示出来。数码显示器需和计数器、译码器、驱动器等电路配合使用。

（6）七段半导体数码管由 7 个条形发光二极管排列成"日"字形封装构成的，分为共阴极型和共阳极型两种。

学习评价

1. 填空题

①组合逻辑电路是指任何时刻电路输出信号的状态，它仅仅取决于_____，而与_____无关，组合逻辑电路____记忆功能。

②编码器的功能是_____。

③译码是编码的逆过程，译码器的基本功能是_____。

④数码显示器根据材料不同可分_____、_____、_____。

⑤数码显示器根据材料不同可分_____、_____、_____。

⑥数码显示器根据材料不同可分_____、_____、_____。

⑦半导体数码管是将发光二极管排成"____"字形状，分_____和_____两种，应与_____等电路配合使用。

⑧共阴极数码管将各发光二极管的_____极连在一起接_____电平，_____极分别由译码器输出端来驱动。共阳极数码管将各发光二极管的_____极连在一起接_____电平，_____极分别由译码器输出端来驱动。

⑨如果共阴极数码管的 abcd 输入端为高电平，其余输入端为低电平时，数码管显示的为_____。

2. 综合题

①画图说明典型编码集成电路 74LS148 的引脚功能。

②画图说明典型译码集成电路 74LS138 的引脚功能。

③电路如图 9-13 所示，写出表达式，列出真值表，并说明逻辑功能。

3. 分析设计题

用红、绿、黄 3 个指示灯显示 3 台设备的工作状态，绿灯亮表示设备完全正常，黄灯亮表示 1 台设备不正常，红灯亮表示 2 台设备不正常，红、黄灯亮表示 3 台设备不正常。试写出控制电路的真值表并选用合适的门电路加以实现。

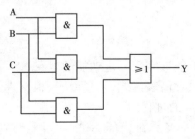

图 9-13

第十章

触发器

1. 知识目标

（1）认识基本 RS 触发器、同步 RS 触发器、JK 触发器、D 触发器的电路符号，知道它们的逻辑功能；

（2）了解 JK 触发器、D 触发器的应用。

2. 能力目标

能根据 JK 触发器、D 触发器的逻辑功能进行 JK 触发器、D 触发器的简单应用。

我们经常看到一些知识抢答活动,谁抢先按下按钮,对应的指示灯就会发亮并发出响铃声,而其他的人再按下按钮均无效。这样的响铃指示电路功能可用触发器来完成。

第一节　RS 触发器

什么是触发器?

触发器是能存储二进制数码的一种数字电路,它在一定的条件下,可以维持两个稳定状态(0 或 1)之一而保持不变,但在一定的外加信号作用下,触发器又可从一种状态转换到另一稳定状态,因此触发器具有记忆功能,常用来保存二进制信息。

门电路和触发器是构成数字系统的基本逻辑单元。前者没有记忆功能,用于构成组合逻辑电路;后者具有记忆功能,用于构成时序逻辑电路。两者都在数字系统和计算机中有着广泛的运用。

触发器按逻辑功能分:RS 触发器、D 触发器、JK 触发器、T 触发器和 T′触发器等多种类型。T 触发器和 T′触发器可由 D 触发器或 JK 触发器转换而得,所以这里我们只介绍常用的 RS 触发器、D 触发器和 JK 触发器。

一、基本 RS 触发器

1. 基本 RS 触发器的组成

基本 RS 触发器电路结构及逻辑符号如图 10-1 所示,由两个与非门相互连接构成。它有两个输入端 $\overline{R}$(置 1 端)、$\overline{S}$(置 0 端),有两个互补输出端 Q 和 $\overline{Q}$。

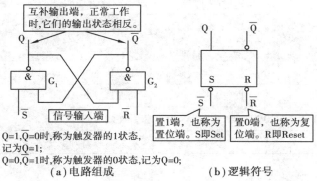

互补输出端，正常工作时，它们的输出状态相反。

$Q=1,\overline{Q}=0$时，称为触发器的1状态，记为Q=1；
$Q=0,\overline{Q}=1$时，称为触发器的0状态，记为Q=0；

置1端，也称为置位端。S即Set

置0端，也称为复位端。R即Reset

信号输入端

（a）电路组成　　　　　（b）逻辑符号

图 10-1　基本 RS 触发器的电路组成与逻辑符号

2. 基本 RS 触发器的逻辑功能

让我们先做一个实验。如图 10-2 所示，用 74LS00 的两个与非门构成基本 RS 触发器，$\overline{R}$、$\overline{S}$接逻辑开关 A、B，而 Q、$\overline{Q}$接 0-1 指示器。逻辑开关 A、B 用单刀双掷开关；0-1 显示器可用指示灯代替。扳动开关 A、B 改变$\overline{R}$、$\overline{S}$的状态，观察输出 Q 和$\overline{Q}$的状态，将测试结果填入表 10-1 中。

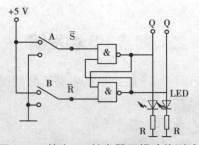

图 10-2　基本 RS 触发器逻辑功能测试

表 10-1　基本 RS 触发器的输出状态测试

现态：就是触发器原来的稳定状态，也就是触发器接收输入信号之前的状态。	$\overline{S}$	$\overline{R}$	Q	Q_{n+1}	$\overline{Q}_{n+1}$	次态：触发器接收输入信号之后所处的新的稳定状态。
	0	0	0			
			1			
	1	1	0			
			1			
	1	0	0			
			1			
	1	1	0			
			1			

分析表 10-1 中你测试的数据，看归纳出的基本 RS 触发器的逻辑功能是否与表10-2相同。

记一记

表 10-2 基本 RS 触发器的逻辑功能

输 入		输 出		功能说明
$\overline{R}$	$\overline{S}$	Q_{n+1}	$\overline{Q}_{n+1}$	
0	0	不 定		输出状态不定(禁用)
0	1	0	1	触发器置0
1	0	1	0	触发器置1
1	1	不 变		触发器保持原状态不变

　　基本 RS 触发器的特点:电路简单,是构成各种触发器的基础。但它的输出受输入的影响,当有干扰信号进来时,会对输出产生影响,所以它的抗干扰性能很差。另外,由于输入直接影响输出,不便于控制多个触发器同步工作。为了克服这些缺点,出现了同步 RS 触发器。

二、同步 RS 触发器

　　同步 RS 触发器的电路符号如图 10-3 所示。

认一认

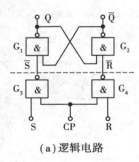　　　　　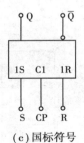

　　(a)逻辑电路　　　　　(b)曾用符号　　　　(c)国标符号

图 10-3 同步 RS 触发器的电路符号

　　同步 RS 触发器是由基本 RS 触发器构成的,它的特点是引入了一个时钟信号。输入信号受到 CP 的控制,在 CP = 0 期间,输入信号不能进来,输出无变化;当 CP = 1 时,输入信号有效,输出根据输入而变化。由于有了时钟信号的控制,可以实现多个触发器同步工作,性能上有所提高。

　　我们来看看表 10-3 中同步 RS 触发器的逻辑功能,比较它与基本 RS 触发器的功

能有何异同。

表 10-3　同步 RS 触发器的逻辑功能表

CP	R	S	Q_{n+1}	功能	
0	×	×	不变	$Q_{n+1}=Q_n$	保持
1	0	0	不变	$Q_{n+1}=Q_n$	保持
1	0	1	1	$Q_{n+1}=1$	
1	1	0	0	$Q_{n+1}=0$	
1	1	1	不定	不允许	

CP=0时，触发器保持原来的状态不变。

CP=1时，工作情况与基本RS触发器相同。

同步 RS 触发器的特点：CP = 0 期间不接收信号，抗干扰能力有所提高，但由于 CP = 1 期间输出受输入信号的直接控制，它的抗干扰能力还有待于进一步提高。另外，这两种 RS 触发器都存在 R、S 之间的约束问题，限制了它的使用。

第二节　JK 触发器

在数字电路中，凡在 CP 时钟脉冲控制下，根据输入信号 J、K 情况的不同，具有置 0、置 1、保持和翻转功能的电路，都称为 JK 触发器。

根据触发方式的不同，JK 触发器分为电平 JK 触发器、主从 JK 触发器、边沿 JK 触发器等几种，这里只介绍应用广泛的主从 JK 触发器和边沿 JK 触发器。

1. 主从 JK 触发器

主从 JK 触发器由两个相同的同步 RS 触发器串联组合而成，分别称为主触发器和从触发器。电路组成和逻辑符号如图 10-4 所示。

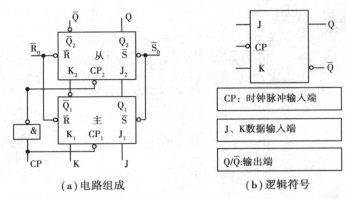

（a）电路组成　　　　　　　　（b）逻辑符号

图 10-4　主从 JK 触发器电路组成及逻辑符号

主从 JK 触发器的逻辑功能见表 10-4 所示。

表 10.4　主从 JK 触发器的逻辑功能表

CP	Q_n	J	K	Q_{n+1}	说　明
上升沿 ↑	×	×	×	Q_n	保持
下降沿	×	0	0	Q_n	保持
	×	0	1	0	置"0"
	×	1	0	1	置"1"
	×	1	1	$\overline{Q_n}$	翻转

由功能表可知：
①主从JK触发器从根本上解决了输入信号直接控制的问题，具有CP=1期间接收信号，CP下降沿到来时触发翻转的特点。
②输入信号之间没有约束

（设触发器的初态即原来的状态为 0）

主从 JK 触发器的波形图如图 10-5 所示。

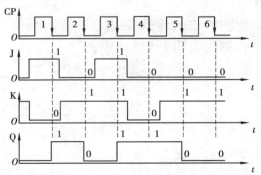

图 10-5　主从 JK 触发器的波形图

2. 边沿 JK 触发器

边沿触发是指 CP 脉冲的边沿(上边沿或下边沿)到来时,状态才会发生翻转。其优点是无同步触发器的空翻现象。边沿触发,又分为上升沿触发和下降沿触发两种,在触发器逻辑符合图中可以区分出来:输入的 CP 信号加一个小圆圈(有时也称为$\overline{CP}$)再进入触发器的,是下降沿触发;CP 信号无小圆圈而直接进入触发器的,是上升沿触发。

边沿 JK 触发器的功能与主从 JK 触发器相同,在输入 CP 脉冲的下降沿触发。图 10-6 和图 10-7 所示分别是它的逻辑符号和波形图。

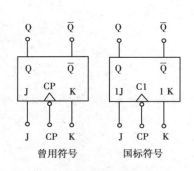

图 10-6 边沿 JK 触发器的逻辑符号

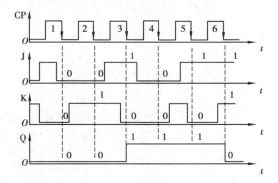

图 10-7 边沿 JK 触发器的波形图

你能否从以上说明中找到主从 JK 触发器和边沿 JK 触发器的异同之处?

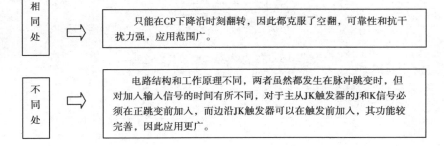

| 相同处 | ⇒ | 只能在CP下降沿时刻翻转,因此都克服了空翻,可靠性和抗干扰力强,应用范围广。 |
| 不同处 | ⇒ | 电路结构和工作原理不同,两者虽然都发生在脉冲跳变时,但对加入输入信号的时间有所不同,对于主从JK触发器的J和K信号必须在正跳变前加入,而边沿JK触发器可以在触发前加入,其功能较完善,因此应用更广。 |

拓展实验:集成 JK 触发器的应用——构成分频电路

当信号为双端输入时,JK 触发器是功能完善、使用灵活和通用性较强的一种触发器。JK 触发器常被用作缓冲存储器、移位寄存器、计数器和分频器等。本实验采用的 74LS112 为双 JK 触发器集成电路,其 JK 触发器是下降沿触发的边沿 JK 触发器。实物图及引脚排列如图 10-8 所示。

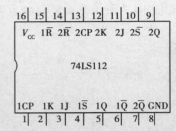

(a)实物图　　　　　　　　　　　(b)引脚排列

图 10-8　74LS112 集成电路

双 JK 触发器 74LS112 接成的分频电路如图 10-9 所示,CP 为时钟脉冲信号。用双踪示波器观察在 CP 作用下 Q_1、Q_2 输出波形,对照比较,并说明其功能,填入表10-5中。

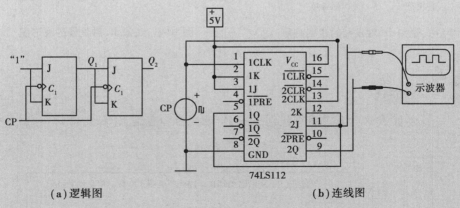

(a)逻辑图　　　　　　　　　　　(b)连线图

图 10-9　JK 触发器构成的分频电路

表 10-5　JK 触发器实验数据记录

波形图	CP	
	Q_1	
	Q_2	
功能说明		

*第三节　D 触发器

D 触发器只有一个触发输入端 D,因此逻辑关系非常简单:当时钟脉冲 CP 到来(上升沿)时,输出状态与输入端 D 的状态相同。D 触发器的功能见表 10-6 所示。

记一记

表 10-6　D 触发器的功能表

D	Q_n	Q_{n+1}	功能说明
0	0	0	
0	1	0	输出状态与
1	0	1	D 状态相同
1	1	1	

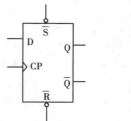

CP:计数脉冲输入端

$\overline{S}$:直接置位端

$\overline{R}$:直接清零端

D:数据输入端

Q/$\overline{Q}$:输出端

图 10-10　维持-阻塞边沿 D 触发器的逻辑符号

图 10-10 所示为应用广泛的"维持-阻塞边沿 D 触发器"。

讲一讲

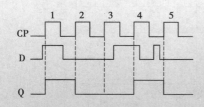

图 10-11　维持-阻塞 D 触发器的波形图

【例 10-1】　已知维持-阻塞 D 触发器的输入波形(CP、D)如图 10-11 所示,画出输出信号 Q 的波形。

解:画波形图时,应注意以下两点:

(1)维持-阻塞 D 触发器的触发翻转发生在 CP 的上升沿。

(2)判断触发器次态的依据是 CP 上升沿前一瞬间输入端的状态。

根据 D 触发器的功能表,可画出输出端 Q 的波形,如图 10-11 所示。

　　在输入信号为单端的情况下,D触发器使用方便,应用很广,可用作数字信号的寄存、移位寄存、分频和波形发生等。有多种型号可供不同用途的选用,如双 D74LS74、四 D74LS175、六 D74LS174 等。

　　拓展实验:集成 D 触发器的应用——构成移位寄存器

　　本实验选用四 D 触发器 74LS175 来组成移位寄存器,74LS175 的实物及引脚排列如图 10-12 所示。

(a)实物图 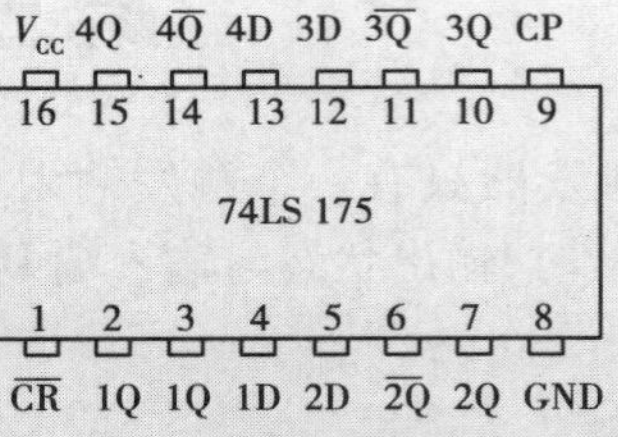　　　　　　　　　　(b)引脚排列

图 10-12　74LS175 集成电路

　　D 触发器组成移位寄存器的测试实验连线如图 10-13 所示,连接好线路后,输入脉冲 CP 接开关 S,输出端 1Q、2Q、3Q 分别接电平指示器(或指示灯)HL$_1$、HL$_2$、HL$_3$。观察在 CP 作用下(在 CP 从 0 到 1 跳变时)各触发器输出端 1Q、2Q、3Q 的状态。电平指示器(或指示灯)HL$_1$、HL$_2$、HL$_3$ 亮用"1"表示,不亮用"0"表示,填入表 10-7 中,在图 10-14 中画出状态转换波形图,并说明电路的功能。

表 10-7　图 10-13 电路的状态表

CP(脉冲个数)	Q$_1$	Q$_2$	Q$_3$
0			
1			
2			
3			

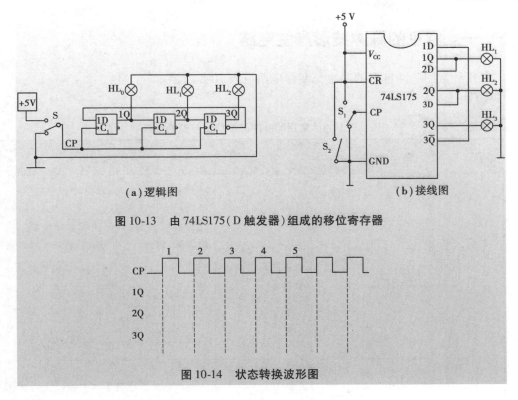

（a）逻辑图　（b）接线图

图10-13　由74LS175（D触发器）组成的移位寄存器

图10-14　状态转换波形图

电路的功能为：_____。

第四节　脉冲波形的产生与变换

大家可能已经用过实验台或实验箱的信号源脉冲,脉冲波形是怎样产生的呢？获得脉冲波形的方法主要有两种:①利用脉冲振荡电路产生;②通过整形电路对已有的波形进行整形、变换,使之符合系统的要求。

一、常见的脉冲波形产生电路

几种常用脉冲波形的产生与变换电路见表 10-8 所示。

 认一认

表 10-8　常用的脉冲波形产生与变换电路

名称	电路结构	功　能	基本应用
多谐振荡器	R C u_0	产生矩形脉冲，输出状态为两个暂稳态	一种自激振荡电路,无需外加触发信号,就能产生幅值和宽度一定的矩形脉冲。改变 R、C 的值,可以调节脉冲宽度。应用实例:闪烁灯(亮、熄两种状态的不断转换) u_o 波形 T, U_{om}, O, wt
单稳态触发器	u_i & C R u_o ；与非门构成的单稳态电路,输出状态:一个稳态,一个暂稳态	主要用于将脉冲宽度不符合要求的脉冲变换成脉冲宽度符合要求的矩形脉冲	单稳态触发器能够把不规则的输入信号 u_i,整形成为幅度和宽度都相同的标准矩形脉冲 u_o。(本图是将不规则的负输入脉冲变为规则的负矩形脉冲输出,若要将输出脉冲变为正的,在后面再加一级非门电路即可) u_1 波形, u_o 波形 t_W 应用实例:声控灯,有声音触发后灯亮,但过一段时间后自动熄灭

续表

名称	电路结构	功能	基本应用
施密特触发器	与非门构成的施密特触发器 输出状态：两个稳态	主要用于将非矩形脉冲变换成上升沿和下降沿都很陡峭的矩形脉冲	①波形变换 将变化缓慢的波形变换成矩形波（如将三角波或正弦波变换成同周期的矩形波） ②脉冲整形 ③脉冲鉴幅 只有那些幅度大于 U_{T+} 的脉冲才会在输出端产生输出矩形信号 应用实例：触摸式台灯，触摸一下灯亮，再触摸一下灯熄灭

二、555 时基电路

555 是一种在各种电子产品中用得非常多的时基集成电路，被人们称为万能集成电路。只要在外部配上几个适当的阻容元件，就可以很方便地构成多谐振荡器、施密特触发器和单稳态触发器等电路，完成脉冲信号的产生、定时和整形等功能，还可以用于调光、调温、调压、调速等多种控制以及计量检测等设备中。

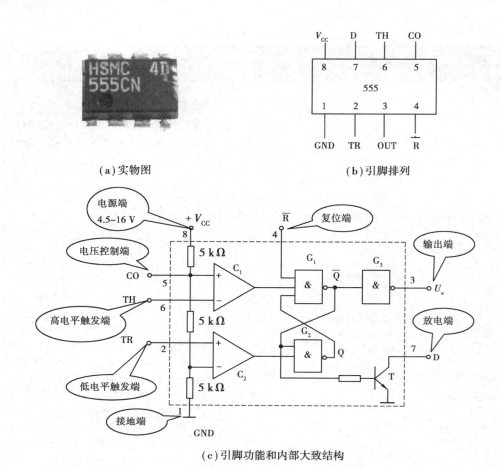

(a)实物图　　　　　　　　　　　　(b)引脚排列

(c)引脚功能和内部大致结构

图 10-15　555 时基集成电路

1. 功能和引脚排列

　　555 时基电路的内部结构和引脚功能如图 10-15 所示,其输入电路部分有 3 个 5 kΩ的精密串联电阻。555 时基电路的输出状态与各引脚的逻辑状态的关系见表10-9 所示。

表 10-9　555 时基电路的逻辑状态表

复位端$\overline{RD}$④脚	高电平触发 TH⑥脚	低电平触发$\overline{TR}$②脚	输出端③脚
0	X	X	0
1	$>\dfrac{2}{3}V_{CC}$	$>\dfrac{1}{3}V_{CC}$	0

续表

复位端$\overline{\text{RD}}$④脚	高电平触发 TH⑥脚	低电平触发$\overline{\text{TR}}$②脚	输出端③脚
1	$< \dfrac{2}{3}V_{CC}$	$> \dfrac{1}{3}V_{CC}$	不变
1	$< \dfrac{2}{3}V_{CC}$	$< \dfrac{1}{3}V_{CC}$	1
1	$> \dfrac{2}{3}V_{CC}$	$< \dfrac{1}{3}V_{CC}$	1

2.555 时基电路的应用

这里介绍由它构成的多谐振荡器、单稳态触发器、施密特触发器和它们的应用实例。

（1）多谐振荡器

由 555 时基电路构成的多谐振荡器如图 10-16 所示。

①电路工作原理

设电路中电容 C_1 两端的初始电压为 $U_C = 0$，输出端为高电平，$U_o = E_0$，随着时间的增加，电容 C_1 通过 R_1，R_2 回路充电，U_C 逐渐增高。当 $U_C > \dfrac{2}{3}E_C$ 时，输出低电平 $U_o = 0$。此时电容 C 通过内部电路放电，U_C 下降，当电路状态翻转，电容又开始充电，形成振荡。

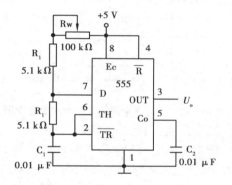

图 10-16　由 555 时基电路构成的多谐振荡器

②应用实例：叮咚门铃

如图 10-17 所示是一种 555 多谐振荡器式"叮咚门铃"电路，能发出"叮、咚"门铃声，它的音质优美逼真，装调简单容易、成本较低。图中的 IC 便是 555 时基集成电路，它与周围元件构成多谐振荡器。按下按钮 S（装在门上），振荡器振荡，扬声器发出"叮"的声音。与此同时，电源通过二极管 V_{D1} 给 C_1 充电。放开按钮时，C_1 便通过电阻 R_1 放电，维持振荡。但由于 S 的断

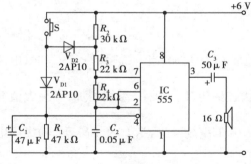

图 10-17　叮咚门铃电路图

开，电阻 R_2 被串入电路，使振荡频率有所改变，振荡频率变小，扬声器发出"咚"的声音。直到 C_1 上的电压放到不能维持 555 振荡为止，即④脚变为低电平时，③脚输出为零。"咚"声余音的长短可通过改变 C_1 的数值来改变。

（2）单稳态触发器

由 555 时基电路构成的单稳态触发器如图 10-18 所示。

①电路工作原理

当 $U_i > \frac{1}{3}E_C$ 时，电路输出为低电平，$U_o = 0$，触发器处于稳态；当 $U_i < \frac{1}{3}E_C$ 时，电路状态翻转，由稳态变为暂态。电容 C_1 通过电阻 R 充电，当 $U_c > \frac{1}{3}E_C$ 时，电路状态翻转，由暂态变为稳态，电容 C_1 通过放电端放电。

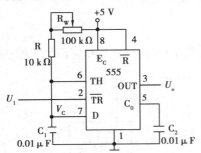

图 10-18　由 555 时基电路构成的单稳态触发器

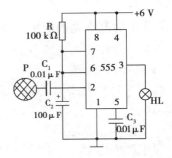

图 10-19　触摸定时控制开关电路

②应用实例：触摸式定时开关

图 10-19 是 555 单稳态触发器式的"触摸定时开关"电路。只要用手触摸一下金属片 P，由于人体感应电压相当于在触发输入端（管脚 2）加入一个负脉冲，555 输出端输出高电平，灯泡（R_L）发光；当暂稳态时间（t_W）结束时，555 输出端恢复低电平，灯泡熄灭。该触摸开关可用于夜间定时照明，定时时间可由 RC 参数进行调节。

（3）施密特触发器

由 555 时基电路构成的施密特触发器如图 10-20 所示。

①电路工作原理

当 $U_i < \frac{1}{3}E_C$ 时，输出高电平 $U_o = E_C$；随着 U_i 的增加，当 $\frac{1}{3}E_C < U_i < \frac{2}{3}E_C$ 时，电路状态保持，即 $U_o = E_C$；当 $U_i > \frac{2}{3}E_C$ 时电路状态翻转，$U_o = 0$；U_i 继续增加，到最大值并逐渐减小时，电路状态保持，即 $U_o = 0$。随着 U_i 的继续减少，当 $U_i < \frac{1}{3}E_C$ 时，输出高电平 $U_o = E_C$。

②应用实例：光电防盗告警电路

图 10-21 是 555 施密特触发器式"光电防盗报警"电路。如果把整个装置放入公文包内，那么当打开公文包时，这个装置会发声报警。它使用 555b 双时基集成电路（有两个独立的 555 电路），前一个接成施密特触发器，后一个是间接反馈型无稳电路。图中，当三极管 V 导通时，V 的集电极电压只有 0.1～0.3V，加在 555 b 的复位端（MR），使 555b 处于复位状态，即无振荡输出。

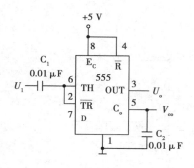

图 10-20 由 555 时基电路构成
的施密特触发器

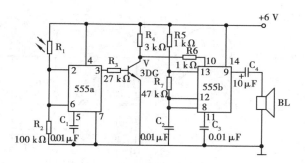

图 10-21 光电防盗报警电路图

图中 R_1 是光敏电阻,当无光照时阻值为几兆欧至几十兆欧,所以 555a 的输入相当②、⑥脚为低电平,③输出为高电平,三极管 V 导通,集电极为低电平,通过 R_6 加到 555b 的⑥脚,555b 处于复位状态,⑨脚输出为低电平,扬声器不发声。

当 R_1 受光照后,阻值突然下降到只有几千欧至几十千欧,于是 555a 的输入电压②、⑥脚升到上阀值电压以上,③输出为低电平,三极管 V 截止,V 集电极电压升高,555b 被解除复位状态而振荡,于是扬声器 BL 发声报警。

实训 + 4 人抢答器的制作

一、实训目的

(1)能分析 4 人抢答器的工作原理;
(2)学会触发器和门电路的应用;
(3)会安装和调试 4 人抢答器。

二、实训电路

实训电路如图 10-22 所示,选用了 74LS00、74LS20、74LS175 三个集成电路,它们的引脚排列和功能见附录一(图)。

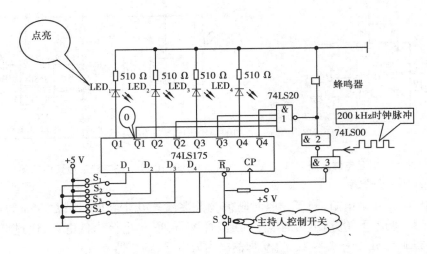

图 10-22　智力竞赛抢答器装置原理图

工作原理：抢答开始时，由主持人清除信号，按下复位开关 S，74LS175 的输出 Q1～Q4全为 0，所有发光二极管 LED 均熄灭。当主持人宣布"抢答开始"后，首先作出判断的参赛者立即按下开关，例如：S_1 按下，此时 Q_1 为高电平，对应的发光二极管亮，同时 Q_1 为"0"，通过与非门送出信号锁住其余 3 个选手的电路，不再接受其他信号，直到主持人再次清除信号为止。

三、实训器材

（1）器具类：数字电路实验箱、示波器、万用表、电烙铁、镊子等；
（2）器件类：本实训所需元器件的规格、型号、数量等见表 10-10 所示。

表 10-10　实训器件明细表

元器件	备　注	元器件	备　注	元器件	备　注
74LS00	1 片	发光二极管	4 只	电阻	510 Ω
74LS20	1 片	轻触开关	5 个	PCB 板	1 块
74LS175	1 片	蜂鸣器	1 个 200 Hz		

四、实训步骤

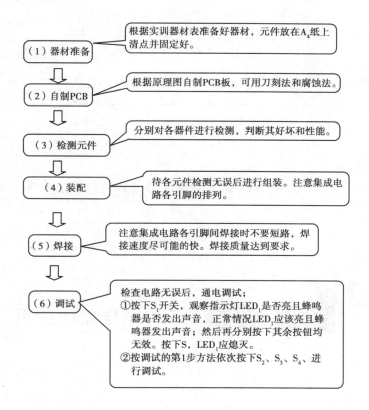

（1）器材准备 — 根据实训器材表准备好器材，元件放在A₄纸上清点并固定好。

（2）自制PCB — 根据原理图自制PCB板，可用刀刻法和腐蚀法。

（3）检测元件 — 分别对各器件进行检测，判断其好坏和性能。

（4）装配 — 待各元件检测无误后进行组装。注意集成电路各引脚的排列。

（5）焊接 — 注意集成电路各引脚间焊接时不要短路，焊接速度尽可能的快。焊接质量达到要求。

（6）调试 — 检查电路无误后，通电调试；
①按下S₁开关，观察指示灯LED₁是否亮且蜂鸣器是否发出声音，正常情况LED₁应该亮且蜂鸣器发出声音；然后再分别按下其余按钮均无效。按下S，LED₁应熄灭。
②按调试的第1步方法依次按下S₂、S₃、S₄、进行调试。

五、实训结果评价

通过实训考核表10-11进行实训结果评价。

表10-11　实训考核表

评定类别	分 值	评定标准	得 分
实训态度	10分	态度好,认真10分,较好7分,差3分	
操作规范	10分	违反安全规则扣8分,损坏仪器扣8分,扣完为止	
元器件检测	10分	检测错误1个扣2分,扣完为止	
装配	10分	错装1个扣2分,一个不规范扣0.5分,扣完为止	
焊接	20分	焊点不符合要求1个扣1分,扣完为止	

续表

评定类别	分 值	评定标准	得 分
调试	40 分	测试数据正确得 20 分,实训成功得 20 分	
评定等级:_____(优秀:80 分以上 良:70~80 分 及格:60~70 分 不及格:60 分以下)			
实训疑问:			

查一查

74LS175、74LS20、74LS00 分别是什么集成电路？它们各自的功能是什么？

实训 十一 555 时基电路的应用

一、实训目的

（1）能识别 555 时基电路并会正确使用；

（2）能大致分析音乐传花游戏机电路的原理,能识别电路的实物元器件；

（3）能正确安装和调试音乐传花游戏机电路。

二、实训器材

（1）工具类:数字电路实验箱、示波器、万用表、电烙铁、镊子等。

（2）器件类:本实训所需元器件的规格、型号、数量等见实训器件明细表 10-12 所示。

表 10-12　实训器件明细表

器　件	型　号	数　量	位　置
电阻	100 kΩ	2	R_1、R_2
	200 kΩ	1	R_3
电容	0.01 μF	1	C_2
	4.7 μF	1	C_3
	47 μF	2	C_1、C_4
电位器	1 MΩ	1	R_P
集成电路	NE555	1	IC_1
	KD-9300 音乐集成电路	1	IC_2
按键开关	小型无锁住功能	1	S
二极管	LED（发光二极管）	1	V_D
三极管	9013	1	V
扬声器	8 Ω	1	B
PCB 板	自制	1	

三、实训电路

用 555 时基电路构成的音乐传花游戏机电路如图 10-23 所示。

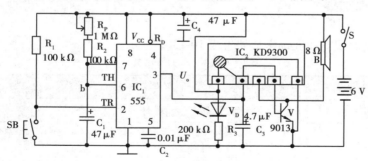

图 10-23　音乐传花游戏机电路图

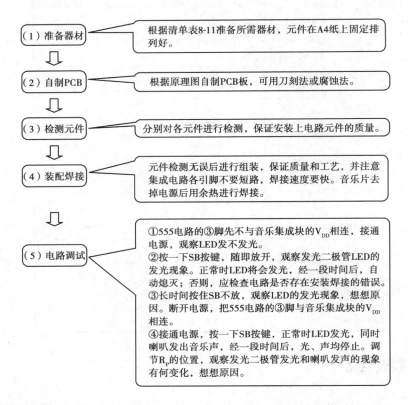

四、实训步骤

（1）准备器材 —— 根据清单表8-11准备所需器材，元件在A4纸上固定排列好。

（2）自制PCB —— 根据原理图自制PCB板，可用刀刻法或腐蚀法。

（3）检测元件 —— 分别对各元件进行检测，保证安装上电路元件的质量。

（4）装配焊接 —— 元件检测无误后进行组装，保证质量和工艺，并注意集成电路各引脚不要短路，焊接速度要快。音乐片去掉电源后用余热进行焊接。

（5）电路调试 ——
①555电路的③脚先不与音乐集成块的V_{DD}相连，接通电源，观察LED发不发光。
②按一下SB按键，随即放开，观察发光二极管LED的发光现象。正常时LED将会发光，经一段时间后，自动熄灭；否则，应检查电路是否存在安装焊接的错误。
③长时间按住SB不放，观察LED的发光现象，想想原因。断开电源，把555电路的③脚与音乐集成块的V_{DD}相连。
④接通电源，按一下SB按键，正常时LED发光，同时喇叭发出音乐声，经一段时间后，光、声均停止。调节R_P的位置，观察发光二极管发光和喇叭发声的现象有何变化，想想原因。

五、实训结果

将实训情况填写在实训考核评价表10-13中。

表10-13 实训考核表

评定类别	分 值	评定标准	得 分
实训态度	10分	态度好,认真10分,较好7分,差3分	
操作规范	10分	违反安全规则扣8分,损坏仪器扣8分,扣完为止	
元器件检测	10分	检测错误1个扣2分,扣完为止	
装配焊接	30分	①元件装错1个扣5分,安装不规范扣0、5分/个,扣完为止;②焊点不符合要求1个扣1分,扣完为止	
调试	40分	测试数据正确得20分,实训成功得20分	

续表

评定类别	分　值	评定标准	得　分
评定等级：_____		(优秀:80 分以上　良:70～80 分 及格:60～70 分　不及格:60 分以下)	
实训疑问：			

学习小结

(1)触发器是具有记忆功能的逻辑电路,每个触发器能够存储 1 位二进制数,触发器是时序逻辑电路的基本单元。

(2)常用触发器按功能不同分为 RS 触发器、JK 触发器和 D 触发器。

(3)RS 触发器具有置 0、置 1、保持的功能;JK 触发器具有置 0、置 1、保持、翻转的功能;D 触发器具有置 0、置 1 功能。

(4)主从触发器和边沿触发器都是在脉冲跳变时发生触发翻转的。

(5)常用脉冲波形的产生与变换电路有多谐振荡器、单稳态触发器和施密特触发器等。

(6)555 时基电路是一种具有广泛用途的集成电路,在它的外围接少许元件便可构成多谐振荡器、单稳态触发器、施密特触发器等。

学习评价

1. 填空题

(1)触发器是数字电路中的一种最基本单元电路,具有两种稳定状态,分别用二进制数_____和_____表示。

(2)在时钟脉冲控制下,根据输入信号及 J 端、K 端的不同情况能够具有_____、_____、_____、_____功能的电路,称为 JK 触发器。

(3)RS 触发器具有_____和_____的功能。

(4)D 触发器在时钟脉冲作用下,触发器的状态与 D 端输入状态一致,具有_____、_____功能。

(5)触发器根据触发方式不同分为_____、_____、_____。

(6)多谐振荡器的功能是_____,其基本应用是_____。

（7）单稳态电路的功能是_____，其基本应用是_____。

（8）施密特触发器的功能是_____，其基本应用是_____。

2. 作图与简答题

（1）555 时基集成电路各引脚的功能是什么？试画图说明。

（2）主从 JK 触发器和边沿 JK 触发器有何异同？

（3）画出基本 RS 触发器、主从 JK 触发器、边沿 JK 触发器、D 触发器的逻辑符号（以表格的形式）。

（4）在图 10-24 所示的 JK 触发器中，根据已知波形作出 Q 端的输出波形（设 Q 的原始状态为 0）。

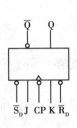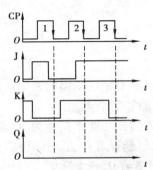

图 10-24

（5）按图 10-25 所示的 D 触发器作出 Q 端相应的输出波形（设 Q 的原始状态为 0）。

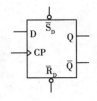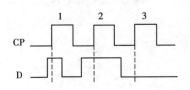

图 10-25

第十一章

时序逻辑电路

学习目标

1. 知识目标

（1）知道寄存器、计数器的基本构成；

（2）知道寄存器、计数器的基本功能和常见的类型；

（3）懂得典型集成移位寄存器和计数器的应用。

2. 能力目标

（1）学会典型集成移位寄存器的简单应用；

（2）学会典型集成计数器的简单应用。

时序逻辑电路是指任一时刻的输出信号不仅取决于当时的输入信号,而且还取决于电路原来的状态的电路,即电路的输出状态与电路经历的时间顺序有关。

计数器和寄存器是简单而又最常用的时序逻辑电路部件,它们在计算机和其他数字系统中的作用非常重要。如上体育课时老师用到的秒表、把城市装扮得非常漂亮的循环彩灯等,都应用到计数器和寄存器。下面就让我们来认识和学习它。

第一节　寄存器

在数字系统中,常常需要对一些数据暂时存放起来,这种能够暂时存放数据的逻辑电路称为寄存器。

一、寄存器的功能、构成和分类

1. 寄存器的基本功能

寄存器具有接收数据、存放数据和输出数据的功能。

2. 寄存器的基本构成

寄存器是由门电路和具有存储功能的触发器组合起来构成的。一个触发器可以存储一位二进制代码,存放 N 位二进制代码的寄存器需用 n 个触发器来构成。此外,寄存器还应包含由门电路构成的控制电路,以保证信号的接收和清除。

3. 寄存器的分类

常见的寄存器按功能可分为:基本寄存器和移位寄存器。

（1）基本寄存器

图 11-1 是一个 4 位的寄存器,其中 CR 是异步清零控制端。在往寄存器中寄存数据或代码之前必须先将寄存器清零,否则可能出错。$D_0 \sim D_3$ 端是数据输入端,在 CP

脉冲上升沿作用下，$D_0 \sim D_3$ 端的数据被并行地存入寄存器。输出数据可以并行从 $Q_0 \sim Q_3$ 端输出。

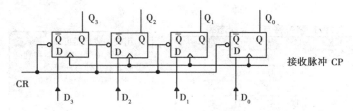

图 11-1 并行输入并行输出的寄存器

并行与串行

寄存器存放数码的方式有并行和串行两种。并行方式是数码从各对应位输入端同时输入到寄存器中；串行方式是数码从一个输入端逐位输入到寄存器中。寄存器读出数码的方式也有并行和串行两种。在并行方式中，被读出的数码同时出现在各位的输出端上；在串行方式中，被读出的数码在一个输出端逐位出现。

（2）移位寄存器

移位寄存器不仅有存放数码的功能，而且有移位传送的功能。所谓移位，就是每当来一个移位正脉冲，触发器的状态便向右或向左移一位。根据移位方向不同，可分为左移寄存器、右移寄存器和双向移位寄存器 3 种。

根据移位数据的输入—输出方式的不同组合，移位寄存器又可以分为串行输入—串行输出、串行输入—并行输出、并行输入—串行输出和并行输入—并行输出 4 种电路结构。

把若干个触发器串接起来，就可以构成一个移位寄存器。由 4 个 D 触发器构成的 4 位移位寄存器逻辑电路如图 11-2 所示，它是一个右移寄存器。数据从串行输入端 D_0 输入，左边触发器的输出作为右邻触发器的数据输入。

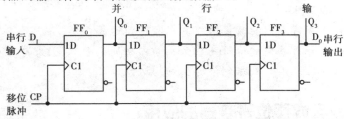

图 11-2 用 D 触发器构成的 4 位移位寄存器

假设移位寄存器的初始状态为 0000，现将数码 $D_3 D_2 D_1 D_0$（1101）从高位（D3）至低位依次送到 D_1 端，经过第一个时钟脉冲后，$Q_0 = D_3$。由于跟随数码 D_3 后面的数码是

D_2，则经过第二个时钟脉冲后，触发器 FF_0 的状态移入触发器 FF_1，而 FF_0 变为新的状态，即 $Q_1 = Q_3$，$Q_0 = D_2$。依次类推，可得 4 位右向移位寄存器的状态，如表 11-1 和波形图 11-3 所示。

表11-1 移位寄存器的状态表

CP	Q_0	Q_1	Q_2	Q_3
0	0	0	0	0
1	D_3	0	0	0
2	D_2	D_3	0	0
3	D_1	D_2	D_3	0
4	D_0	D_1	D_2	D_3

由表和波形图可知，输入数码依次地由低位触发器移到高位触发器，作右向移动。经过4个脉冲后，4个触发器的输出状态 Q_3、Q_2、Q_1、Q_0 与输入数码 D_3、D_2、D_1、D_0 相对应。

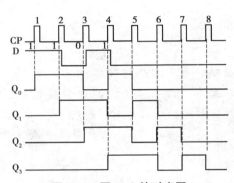

图 11-3　图 11-2 的时序图

寄存器小知识

寄存器又分为内部寄存器与外部寄存器，所谓内部寄存器，其实也是一些小的存储单元，也能存储数据。同存储器相比，寄存器有自己独有的特点：

①寄存器位于 CPU 内部，数量很少，仅 14 个；

②寄存器所能存储的数据不一定是 8 bit，有一些寄存器可以存储 16，32 bit数据；

③每个内部寄存器都有一个名字，而没有类似存储器的地址编号。

寄存器用途：

①可将寄存器内的数据执行算术及逻辑运算；

②存于寄存器内的地址可用来指向内存的某个位置，即寻址；

③可以用来读写数据到计算机的周边设备。

二、典型集成移位寄存器的应用

移位寄存器应用很广，可构成移位寄存器型计数器、顺序脉冲发生器、串行累加器以及用作数据转换等。这里介绍由集成移位寄存器构成的环形计数器。

1. 寄存器 74LS194

环形计数器的集成电路选用 4 位双向通用寄存器 74LS194 或 CC40194（两者功能相同，可互换使用），其逻辑符号及引脚排列如图 11-4 所示。

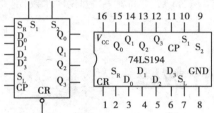

D_0、D_1、D_2、D_3 为并行输入端；

Q_0、Q_1、Q_2、Q_3 为并行输出端；

S_R 为右移串行输入端，S_L 为左移串行输入端；

S_1、S_0 为操作模式控制端；

CR 为异步清零端，CP 为时钟脉冲输入端。

图 11-4　74LS194 的逻辑符号及引脚排列

74LS194 有 5 种不同操作模式：并行送数寄存、右移（方向由 Q_0 至 Q_3）、左移（方向由 Q_3 至 Q_0）、保持及清零。S_1、S_0 和 CR 端的控制作用见表 11-2 所示。

表 11-2　74LS194 功能表

输　入										输　出				工作模式
清零	控制		串行输入		时钟	并行输入				输　出				
R_D	S_1	S_0	D_{SL}	D_{SR}	CP	D_0	D_1	D_2	D_3	Q_0	Q_1	Q_2	Q_3	
0	×	×	×	×	×	×	×	×	×	0	0	0	0	异步清零
1	0	0	×	×	×	×	×	×	×	Q_0^n	Q_1^n	Q_2^n	Q_3^n	保持
1	0	1	×	1	↑	×	×	×	×	1	Q_0^n	Q_1^n	Q_2^n	右移
1	0	1	×	0	↑	×	×	×	×	0	Q_0^n	Q_1^n	Q_2^n	
1	1	0	1	×	↑	×	×	×	×	Q_1^n	Q_2^n	Q_3^n	1	左移
1	1	0	0	×	↑	×	×	×	×	Q_1^n	Q_2^n	Q_3^n	0	
1	1	1	×	×	↑	D_0	D_1	D_2	D_3	D_0	D_1	D_2	D_3	并行置数

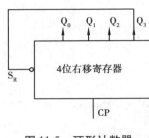

图 11-5 环形计数器

2. 环形计数器

把移位寄存器的输出反馈到它的串行输入端,就可以进行循环移位,构成环形计数器,如图 11-5 所示。

把输出端 Q3 和右移串行输入端 S_R 相连接,设初始状态 $Q_0Q_1Q_2Q_3 = 1000$,则在时钟脉冲的作用下 Q_0、Q_1、Q_2、Q_3 将依次变为 0100、0010、0001、1000,可见它是一个具有 4 个状态的计数器,这种类型的计数器通常称为环形计数器。

第二节 计数器

一、计数器的功能和常见类型

计数器是一个用以实现计数功能的时序部件,它不仅可用来记录脉冲数,还常用作数字系统的定时、分频和执行数字运算等逻辑功能。计数器的种类很多,见表 11-3 所示。

表 11-3 计数器的分类

按是否同时翻转分类	同步计数器	计数脉冲同时加到所有触发器的时钟信号输入端,使具有翻转条件的触发器同时翻转的计数器,称为同步计数器
	异步计数器	计数脉冲只加到部分触发器的时钟脉冲输入端上,而其余触发器的触发信号则由电路内部提供。触发器的翻转有先有后,不是同时发生的。显然,它的计数速度要低于同步计数器
按计数增减分类	加法计数器	随着计数脉冲的输入作递增计数的电路称为加法计数器
	减法计数器	随着计数脉冲的输入作递减计数的电路称为减法计数器
	可逆计数器	在控制信号作用下,可作递增计数,或作递减计数的电路
按计数进制分类	二进制计数器	编码方式按二进制数规律进行计数
	十进制计数器	编码方式按有关 BCD 码规律进行计数,或称之为二-十制计数器
	N 进制计数器	除二进制计数器和十进制计数器之外的其他进制计数器,如七进制计数器、六十进制计数器等

二、典型集成计数器

实际使用的计数器一般不需自己用单个触发器来构成,因为有许多 TTL 和 CMOS 专用集成计数器芯片可供选用。常用集成计数器型号有 74LS161、74LS192、74LS290 以及 CD4040 等。

1. 二进制集成计数器

74LS161 是典型的二进制集成计数器,该计数器为 4 位二进制同步计数器,能同步 并行预置数、异步清零,具有清零、置数、计数和保持 4 种功能,它的实物图及引脚图见 图 11-6 所示。

(a)实物图

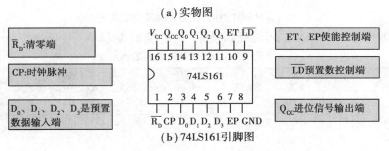

$\overline{R_D}$:清零端

CP:时钟脉冲

D_0、D_1、D_2、D_3 是预置数据输入端

ET、EP 使能控制端

$\overline{LD}$ 预置数控制端

Q_{CC} 进位信号输出端

(b)74LS161引脚图

图 11-6　74LS161 集成电路

74LS161 的逻辑功能见表 11-4 所示。

表 11-4　74LS161 逻辑功能表

$\overline{R_D}$	$\overline{LD}$	EP	ET	CP	D_0	D_1	D_2	D_3	$Q_0 Q_1 Q_2 Q_3$
0	×	×	×	×	×	×	×	×	0 0 0 0
1	0	×	×	↑	D_0	D_1	D_2	D_3	$Q_0 Q_1 Q_2 Q_3$
1	1	0	×	×	×	×	×	×	保持
1	1	×	0	×	×	×	×	×	保持
1	1	1	1	↑	×	×	×	×	计数

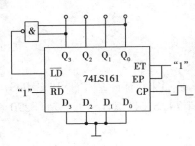

图 11-7 由二进制计数集成电
路构成的十进制计数器

该计数器外加适当的反馈电路可构成十六进制以内的任意进制计数器。图 11-7 所示为利用预置端$\overline{LD}$构成的十进制计数器。

2. 十进制集成计数器

74LS192 是典型的同步十进制可逆计数器,具有双时钟输入、清除和置数等功能,其引脚排列及逻辑符号如图 11-8 所示。

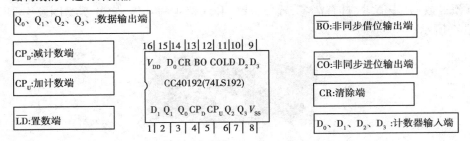

Q_0、Q_1、Q_2、Q_3:数据输出端

CP_D:减计数端

CP_U:加计数端

$\overline{LD}$:置数端

$\overline{BO}$:非同步借位输出端

$\overline{CO}$:非同步进位输出端

CR:清除端

D_0、D_1、D_2、D_3:计数器输入端

图 11-8 74LS192 引脚排列及逻辑符号

74LS192(同 CC40192,二者可互换使用)的功能如表 11-5。

表 11-5 74LS192 功能表

输 入								输 出			
CR	$\overline{LD}$	CP_U	CP_D	D_3	D_2	D_1	D_0	Q_3	Q_2	Q_1	Q_0
1	×	×	×	×	×	×	×	0	0	0	0
0	0	×	×	d	c	b	a	d	c	b	a
0	1	↑	1	×	×	×	×	加计数			
0	1	1	↑	×	×	×	×	减计数			

一个十进制计数器只能表示 0~9 十个数字,为了扩大计数范围,常用多个十进制计数器级联使用。图 11-9 是一个特殊 12 进制计数器,对时位的计数序列是 1,2,…,12,是十二进制,且无数字 0。当计数到 13 时,通过与非门产生一个复位信号,使74LS192(2)〔十位〕直接置成 0000,而 74LS192(1),即使个位直接置成 0001,从而实现了 1~12 计数。

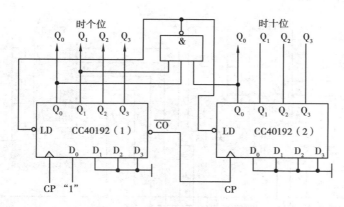

图 11-9　特殊十二进制计数器

秒计数器的制作

一、实训目的

(1)学习数字电路中基本 RS 触发器、单稳态触发器、时钟发生器及计数、译码显示等单元电路的应用;

(2)学习秒计数器的调试方法。

二、实训电路

本实训电路为一个篮球比赛 24 秒倒计时电路。

1.电路组成

电路由秒脉冲发生器、计数器、译码器、显示电路、报警电路和辅助控制电路等部分组成,如图 11-10 所示。其整机电路如图 11-11 所示,电路中各集成电路的引脚排列分别参见附录一(图 1,图 7,图 18,图 26)。

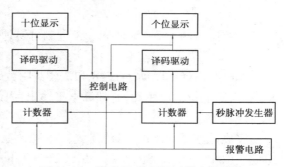

图 11-10　篮球 24 秒倒计时器方框图

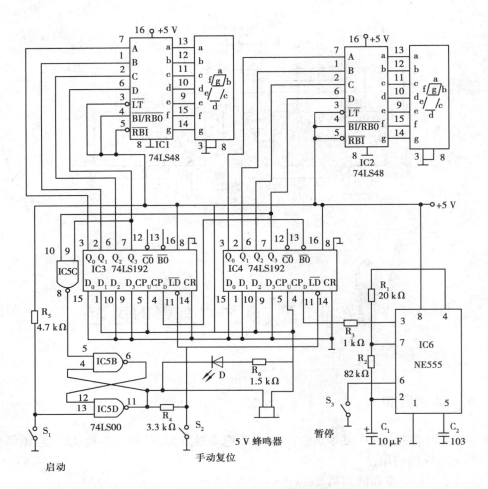

图 11-11　篮球 24 秒倒计时器整机电路图

（1）秒脉冲产生电路

由 555 定时器和外接元件 R_1、R_2、C_1 构成多谐振荡器。

（2）计数器

计数器由两片 74LS192 同步十进制可逆计数器构成。

（3）译码及显示电路

本电路由译码驱动 74LS48 和 7 段共阴数码管组成。74LS48 译码驱动器具有以下特点：内部上拉输出驱动，有效高电平输出，内部有升压电阻无需外接电阻。

（4）控制电路

完成计数器的复位、启动计数、暂停/继续计数、声光报警等功能。控制电路由 IC5 组成。IC5B 受计数器的控制。IC5C、IC5D 组成 RS 触发器，实现计数器的复位、计数和保持"24"，以及声、光报警的功能。电路中有 3 个控制开关。

①S_1：启动按钮。S_1 处于断开位置时，当计数器递减计数到零时，控制电路发出

声、光报警信号,计数器保持"24"状态不变,处于等待状态。当 S_1 闭合时,计数器开始计数。

②S_2:手动复位按钮。当闭合 S2 时,不管计数器处于什么状态,计数器立即复位到预置数值,即"24"。当松开 S_2 时,计数器从 24 开始计数。

③S_3:暂停按钮。当"暂停/连续"开关处于"暂停"时,计数器暂停计数,显示器保持不变,当此开关处于"连续"位置时,计数器继续累计计数。

(5)报警电路

当 IC5D 输出为低电平时,发光二极管 D 发光,同时蜂鸣器发出报警。

2. 工作原理

由 555 定时器输出秒脉冲经过 R_3 输入到计数器 IC4 的 D 端,作为减计数脉冲。当计数器计数到 0 时,IC4 的⑬脚输出借位脉冲使十位计数器 IC3 开始计数。当计数器计数到"00"时,应使计数器复位并置数"24"。但这时将不会显示"00",而计数器从"01"直接复位。由于"00"是一个过渡时期,不会显示出来,所以本电路采用"99"作为计数器复位脉冲。当计数器由"00"跳变到"99"时,利用个位和十位的"9"即"1001"通过与非门 IC5 去触发 RS 触发器使电路翻转,从⑪脚输出低电平使计数器置数,并保持为"24",同时 D 发光二极管亮,蜂鸣器发出报警声(即声光报警)。按下 S_1 时,RS 触发器翻转,⑪脚输出高电平,计数器开始计数。若按下 S_2,计数器立即复位,松开 S_2 计数器又开始计数。若需要暂停时,按下 S_3,振荡器停止振荡,使计数器保持不变,断开 S_3 后,计数器继续计数。

三、实训器材

(1)器具类:数字电路实验箱、示波器、万用表、电烙铁、镊子等;

(2)器件类:本实训所需元器件的规格、型号、数量等见实训器件明细表 11-6 所示。

表 11-6　实训器件明细表

元器件	备注	元器件	备注	元器件	备注
74LS00	1 片	74LS48	2 片	电阻、电容	若干
555 时基	1 片	共阴数码管	2 片	发光二极管	1 个
				轻触开关	3 只
74LS192	2 片	蜂鸣器	1 个	PCB 板	1 块

四、实训步骤

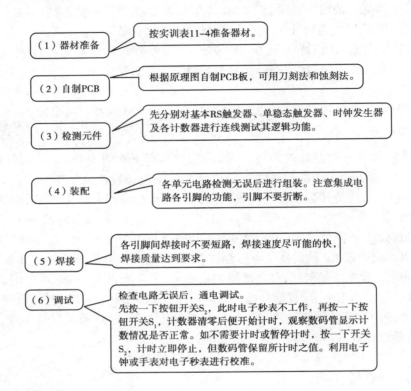

（1）器材准备 —— 按实训表11-4准备器材。

（2）自制PCB —— 根据原理图自制PCB板，可用刀刻法和蚀刻法。

（3）检测元件 —— 先分别对基本RS触发器、单稳态触发器、时钟发生器及各计数器进行连线测试其逻辑功能。

（4）装配 —— 各单元电路检测无误后进行组装。注意集成电路各引脚的功能，引脚不要折断。

（5）焊接 —— 各引脚间焊接时不要短路，焊接速度尽可能的快，焊接质量达到要求。

（6）调试 —— 检查电路无误后，通电调试。
先按一下按钮开关S_2，此时电子秒表不工作，再按一下按钮开关S_1，计数器清零后便开始计时，观察数码管显示计数情况是否正常。如不需要计时或暂停计时，按一下开关S_2，计时立即停止，但数码管保留所计时之值。利用电子钟或手表对电子秒表进行校准。

五、实训结果评价

填写实训考核表11-7，检验实训效果。

表11-7　实训考核表

评定类别	分值	评定标准	得分
实训态度	10分	态度好，认真10分，较好7分，差3分	
操作规范	10分	违反安全规则扣8分，损坏仪器扣8分，扣完为止	
元器件检测	10分	检测错误1个扣2分，扣完为止	
装配	10分	错装1个扣2分，不规范1个扣0、5分，扣完为止	
焊接	20分	焊点不符合要求1个扣1分，扣完为止	
调试	40分	测试数据正确得20分，实训成功得20分	
评定等级：_____　（优秀：80分以上　良：70~80分 及格：60~70分　不及格：60分以下）			
实训疑问：			

（1）寄存器是由门电路和具有存储功能的触发器组合起来构成的,具有接收数据、存放数据和输出数据的功能,常见的类型按功能可分为基本寄存器和移位寄存器。

（2）计数器是一个用以实现计数功能的时序部件,它不仅可用来完成脉冲计数,还常用作数字系统的定时、分频和进行数字运算,以及实现其他特定的逻辑功能。

学习评价

（1）寄存器具有＿＿＿＿＿＿＿＿、＿＿＿＿＿＿＿＿、＿＿＿＿＿＿＿＿功能。

（2）寄存器由＿＿＿＿＿＿＿＿和＿＿＿＿＿＿＿＿构成,按功能可分为＿＿＿＿＿＿＿＿和＿＿＿＿＿＿＿＿。

（3）把移位寄存器的输出反馈到它的串行输入端,可以进行循环移位,构成＿＿＿＿＿＿＿＿。

（4）计数器是一个用以实现的时序部件,它不仅可用来＿＿＿＿＿＿＿＿,还可作数字系统的＿＿＿＿＿＿＿＿、＿＿＿＿＿＿＿＿、＿＿＿＿＿＿＿＿以及＿＿＿＿＿＿＿＿。

（5）计数器按结构分＿＿＿＿＿＿＿＿、＿＿＿＿＿＿＿＿,按功能分＿＿＿＿＿＿＿＿、＿＿＿＿＿＿＿＿,按进制分＿＿＿＿＿＿＿＿、＿＿＿＿＿＿＿＿、＿＿＿＿＿＿＿＿。

（6）二进制、十进制集成计数器外加＿＿＿＿＿＿＿＿可构成其他进制的计数器。

*第十二章
数模和模数转换

学习目标

1. 知识目标

（1）知道 D/A 和 A/D 转换的概念及工作原理；

（2）学会 D/A 和 A/D 转换的应用方法；

（3）明白典型集成 D/A 和集成 A/D 转换电路的型号及引脚功能。

2. 能力目标

（1）会运用典型的集成 D/A 转换电路；

（2）会运用典型的集成 A/D 转换电路。

你了解 QQ 网络音频聊天声音的转换传输过程吗？你知道模拟电视机是怎样看到数字电视信号的吗？这些都离不开模数转换器和数模转换器。

第一节　数模转换

随着数字处理技术的发展,现在的电子设备和电子产品几乎都采用数字处理技术,如图 12-1 所示的电子小产品等。虽然在数字处理技术中应用的是数字信号,但是电信号的直接表现往往是模拟信号,所以需要进行模拟信号与数字信号之间的转换,这种转换又包括数模转换和模数转换两个方面。

MP4、MP3播放器　　　温度计　　　数字血压计

图 12-1　内含 ADC 或 DAC 电路的电子小产品

一、数模转换的概念及应用

1. 数模转换的概念

数模转换是指将数字量转换为模拟量(电压或电流)。实现数模转换的电路称为数模转换器,简称 D/A 转换器或 DAC。D/A 转换器的转换过程如图 12-2 所示。

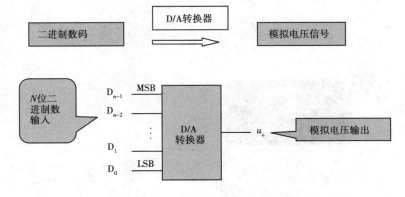

图 12-2　D/A 转换器示意图

随着集成电路工艺和数字技术的发展,D/A 转换技术也得到了飞速的发展,现在,这种技术已不仅用于测试控制领域,而且还广泛用于通讯、雷达、遥控遥测、医疗器件、生物工程等各个需要信息交换、信息处理的领域。

2. 数模转换的应用

现在的电视技术中广泛采用数字处理技术,如电视伴音的的大小采用 6 位二进制数表示($2^6 = 64$),即将输出音量的大小分为 64 个级别,6 位不同的二进制数输出后,通过 D/A 转换得到一定的控制电压,去控制音量电路,使电视机的扬声器发出相应强弱的声音。所以,只要控制数字处理电路中 6 位二进制数的大小,就可以控制电视机的音量。

二、典型集成 D/A 转换器及其应用

单片集成 D/A 转换器产品的种类繁多,性能指标各异,按其内部电路结构不同,可以分为两类:一类集成芯片内部只集成了部分功能,需要外接运算放大器;另一类则集成了组成 D/A 转换器的全部电路(即不需要外接运算放大器),直接输出模拟量信号。集成 D/A 转换器 DAC0808 属于前一类,下面以它为例介绍集成 D/A 转换器结构及其应用。

DAC0808 是一个 8 位 D/A 转换器,有 $D_0 \sim D_7$ 共 8 个输入端,当输入的数字量在全 0 和全 1 之间变化时,输出模拟电压将随着输入的数字量变化而变化。DAC0808 数模转换集成电路的引脚排列及功能说明如图 12-3 所示。

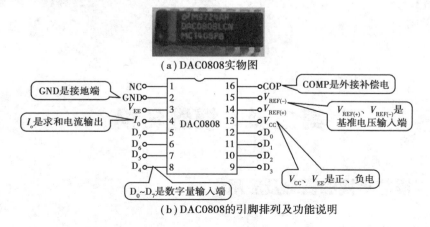

(a) DAC0808实物图

(b) DAC0808的引脚排列及功能说明

图 12-3　集成 D/A 转换器 DAC0808

使用这类 D/A 转换器时，因 DAC0808 是电流输出型器件，要转换为电压需要外接运算放大器。图 12-4 所示为 DAC0808 数模转换的典型应用电路。

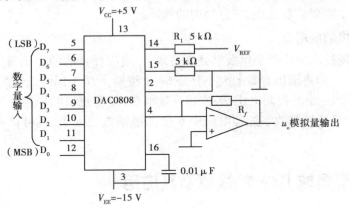

图 12-4　DAC0808 数模转换典型应用电路

计算机之间是怎样实现远程通讯的

计算机内的信息是由"0"和"1"组成的数字信号，而在电话线上传递的却只能是模拟电信号。于是，当两台计算机要通过电话线进行数据传输时，就需要一个设备负责数模的转换。这个数模转换器就是 Modem。计算机在发送数据时，先由 Modem 把数字信号转换为相应的模拟信号，这个过程称为"调制"。经过调制的信号通过电话载波传送到另一台计算机之前，也要经由接收方的 Modem 负责把模拟信号还原为计算机能识别的数字信号，这个过程称为"解调"。正是通过这样一个"调制"与"解调"的数模转换过程，从而实现了两台计算机之间的远程通讯。

第二节　模数转换

一、模数转换的概念及应用

1. 模数转换的概念

模数转换是指将模拟电量转换为数字量。实现模数转换的电路称模数转换器，简称 A/D 转换器或 ADC。A/D 转换器的转换过程如图 12-5 所示。

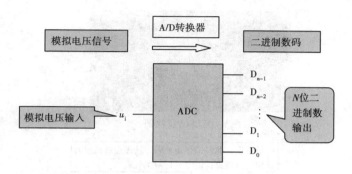

图 12-5　A/D 转换器的转换过程示意图

一般的 A/D 转换过程是通过取样、保持、量化、编码 4 个步骤完成的。

2. 模数转换的应用

模数转换在现代电子技术中应用非常广泛,现在的绝大多数电子产品都采用数字处理技术,而原始信号往往是模拟信号,它们都需要通过模数转换(A/D)电路转换成数字信号,再进行数字技术处理。这类应用是非常多的,涉及工农业生产、国防、科研等各个方面,如火箭发射、人造卫星控制、数控车床、自动生产线等,无不渗透数字处理技术。又如现在的视频图像处理(如数码电视、影碟机、电脑视频等),都是先将模拟的图像信号通过 A/D 转换电路变成数字信号,再进行相应的处理的(数字处理结束后,再通过 D/A 转换电路还原为模拟信号,从而重现出图像)。

二、典型集成 A/D 转换器及其应用

ADC0809 是常用的 8 位单片 A/D 转换芯片,可对 8 路 0~5 V 的输入模拟电压信号进行转换,ADC0809 的引脚排列及功能说明如图 12-6 所示。

ADC0809 是采用 CMOS 工艺的单片 8 位 8 通道模/数转换器,其内部由 8 位 A/D 转换器、地址锁存与译码电路、模拟开关、三态输出锁存器等部分组成。

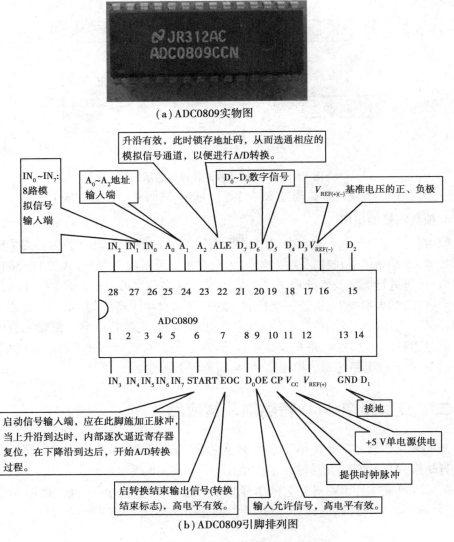

（a）ADC0809实物图

图 12-6　模/数转换器 ADC0809

ADC0809 模数转换典型应用电路如图 12-7 所示。调节 R_W，改变模拟信号输入 u_i，按一次单次脉冲，将会在 $D_0 \sim D_7$ 数字输出端得到不同的二进制数。

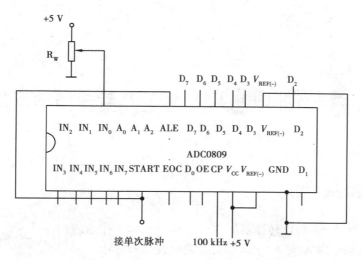

图 12-7　ADC0809 模数转换典型应用电路

你还知道在我们身边有哪些应用 D/A 和 A/D 转换的实例？

传真机的由来

　　早在 20 世纪初,德国发明家亚瑟·科恩就已经有了传真机基本构思。但直到 20 世纪 80 年代,传真机才普及开来。如今,几乎任何大小的办公室里都有一台传真机,它把文件或画面发送到世界各地。

　　传真机的工作原理很简单,首先将需要传真的文件通过光电扫描技术将图像、文字编码为数字信号,经调制后转成音频信号,然后通过传统电话线进行传送。接收方的传真机接到信号后,会将信号复原然后打印出来,这样,接收方就会收到一份原发送文件的复印件。发送时:扫描图像→生成数据信号→对数字信息压缩→调制成模拟信号→送入电话网传输;接收时:接收来自电话网的模拟信号→解调成数字信号→解压数字信号成初始的图像信号→打印。

　　不同类型的传真机在接收到信号后的打印方式不同,它们的区别也基本上在这些方面。现在市场上主要有两种传真机,即:热敏纸传真机和喷墨/激光传真机。

实训 十三 D/A、A/D 转换器的应用

一、实训目的

(1) 了解 D/A 和 A/D 转换器的基本结构和基本工作原理;

(2) 掌握集成 D/A 和 A/D 转换器的功能及典型应用。

二、实训器材

(1) +5 V、±15 V 直流电源各一台;

(2) 双踪示波器一台;

(3) 脉冲信号发生器一台;

(4) 直流数字电压表一台;

(5) 数字电路实验箱一台;

(6) DAC0808、ADC0809、μA741 集成芯片各一片,电阻、电容若干。

三、实训步骤

1. 数模 (D/A) 转换

(1) 把 DAC0808、μA741 等插入 IC 空插座中,按图 12-8 接线。即 $D_7 \sim D_4$ 接实验系统的数据开关, $D_3 \sim D_0$ 均接地,参考电压接 +5 V,运放电源为 5 V。

(2) 检查接线无误后,数据开关从最低位逐位置 1,用数字万用表逐次测量模拟电压输出 u_o,填入表 12-1 中。

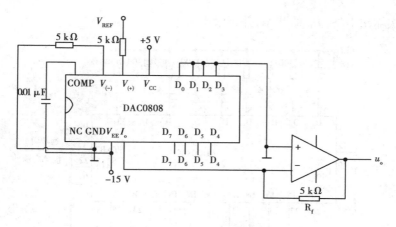

图 12-8 D/A 转换实验电路

表 12-1

输入数字量								u_o/V
D_7	D_6	D_5	D_4	D_3	D_2	D_1	D_0	
0	0	0	0	0	0	0	0	
0	0	0	1	0	0	0	0	
0	0	1	0	0	0	0	0	
0	0	1	1	0	0	0	0	
0	1	0	0	0	0	0	0	
0	1	0	1	0	0	0	0	
0	1	1	0	0	0	0	0	
0	1	1	1	0	0	0	0	
1	0	0	1	0	0	0	0	
1	0	1	1	0	0	0	0	
1	1	0	0	0	0	0	0	
1	1	0	1	0	0	0	0	
1	1	1	1	0	0	0	0	
1	1	1	1	0	0	0	0	

2. 模数 (A/D) 转换

(1)将 ADC0809IC 芯片插入 IC 空插座中,按图 12-9 接线。其中 $D_7 \sim D_0$ 分别接 8 只发光二极管 LED,CLK 接连续脉冲,地址码 A、B、C 接数据开关或计数器输出。

(2)接线完毕,检查无误后,接通电源。调 CP 脉冲至最高频(频率在 1 kHz 以上),再置数据开关为 000,调节 R_W,并用万用表测量 u_i 使其为 4 V,再按一次单次脉冲(注意单脉冲接 START 端,平时处于低电平,开始转换时为 1),观察输出端 $D_7 \sim D_0$ 发光二极管(LED 显示)的值,并记录下来。

(3)按上述实验方法,再调节 R_W,分别调 u_i 为 +3,+2,+1.0 V 进行实验,观察

并记录每次输出 $D_7 \sim D_0$ 的状态,并记录下来。

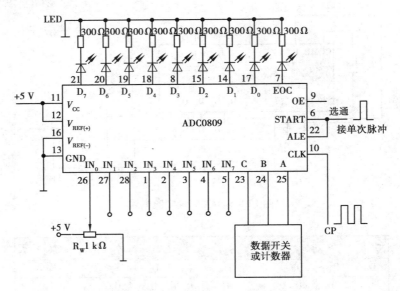

图 12-9 A/D 转换实验图

表 12-2

输入模拟量	输出数字量							
u_1/V	D_7	D_6	D_5	D_4	D_3	D_2	D_1	D_0
4								
3								
2								
1								
0								

四、实训结果

整理实验数据,分析实验结果。

(1) A/D 和 D/A 转换的工作原理。

(2) DAC0808 和 ADC0809 的引脚功能及使用方法。

（1）数模转换器（简称 D/A 转换器或 DAC）是能够将数字信号转换成模拟信号的电路。DAC0808 是典型的集成 D/A 转换电路。

（2）模数转换器（简称 A/D 转换器或 ADC）是能够将模拟信号转换成数字信号的电路。DAC0809 是典型的集成 A/D 转换器。

（3）ADC 和 DAC 是沟通模拟电路和数字电路的桥梁，也可称之为两者之间的接口，在各种系统中应用很广。

学习评价

（1）把_____信号转换成_____信号的过程称为数/模转换或_____，并把实现该转换的电路称数/模转换器，简称为_____。

（2）把_____信号到_____信号的转换过程称为模/数转换或_____，把实现该转换的电路称模/数转换器，简称为_____。

（3）D/A 转换器由_____、_____、_____和_____等部分组成。

（4）_____是典型的集成 D/A 转换器。

（5）_____是典型的集成 A/D 转换器。

附录　部分常用集成电路管脚图

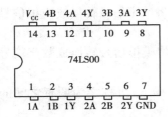

图1　74LS00（四2输入与非门）

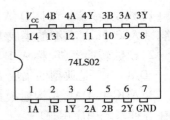

图2　74LS02（四2输入或非门）

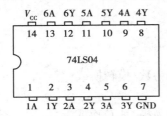

图3　74LS04（六反相器）

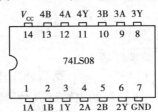

图4　74LS08（四2输入与门）

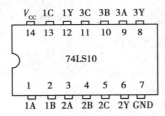

图5　74LS10（三3输入与非门）

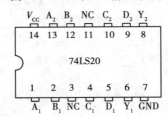

图6　74LS20（二4输入与非门）

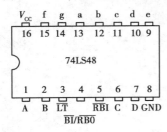

图7　74LS48（七段译码驱动器）

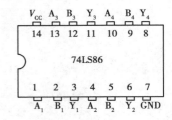

图8　74LS86（四异或门）

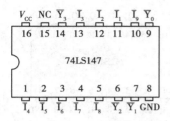

图 9　74LS147（10 线-4 线优先编码器）

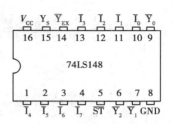

图 10　74LS148（8 线-3 线优先编码器）

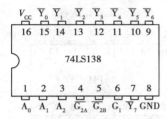

图 11　74LS138（3 线-8 线译码器）

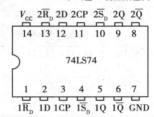

图 12　74LS151（8 选一数据选择器）

图 13　74LS112（双 JK 触发器）

图 14　74LS74（双 D 触发器）

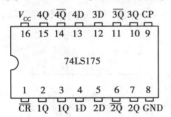

图 15　74LS175（四 D 触发器）

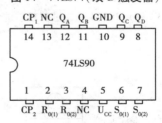

图 16　74LS90（异步 2-5-10 进制加法计数器）

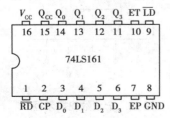

图 17　74LS161（同步清零 16 进制计数器）

图 18　74LS192（同步清零 10 进制可逆计数器）

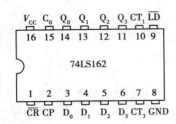

图 19 74LS162（同步清零 4 位 10
进制计数器）

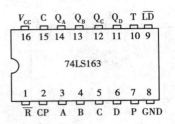

图 20 74LS163（同步清零 16
进制可预置计数器）

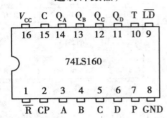

图 21 74LS160（异步清零 10 进制可预置计数器）

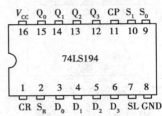

图 22 74LS194（4 位双向移位寄存器）

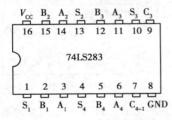

图 23 74LS283（4 位二进制超前进位加法器）

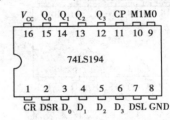

图 24 74LS194（四位双向移位寄存器）

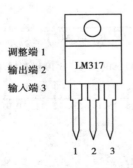

图 25 LM317（三端可调集成稳压电源）

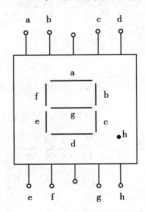

图 26 七段数码显示器

555芯片引脚图

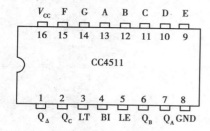

图27 CC4511BCD 七段译码驱动器

74LS373(8D数据锁存器)

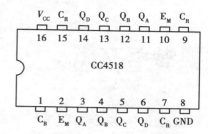

图28 CC4518 双十进制计数器

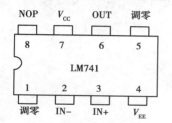

图29 LM741(通用运算放大器)

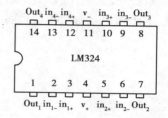

图30 LM324(集成运算放大器)

主要参考文献

[1] 周敏,唐永强.电子技术[M].北京:电子工业出版社,2005.

[2] 聂广林,任德齐.电子技术基础[M].重庆:重庆大学出版社,2001.

[3] 陈梓城,孙丽霞.电子技术基础[M].北京:机械工业出版社,2006.

[4] 郭赟.电子技术基础[M].北京:中国劳动社会保障出版社,2007.